HEYNE <

Klaus Peter Wöhlermann

Der neue »Idiotentest«

Die medizinisch-psychologische Untersuchung (MPU) nach § 3 StVZO

Testverfahren · Fallen · Tipps und Tricks vom Fachmann

WILHELM HEYNE VERLAG
MÜNCHEN

Umwelthinweis:
Dieses Buch wurde auf chlor- und säurefreiem Papier gedruckt.

Taschenbucherstausgabe 04/2008

Der Wilhelm Heyne Verlag, München,
ist ein Verlag der Verlagsgruppe Random House GmbH
www.heyne.de
Printed in Germany 2008
Umschlaggestaltung: Eisele Grafik-Design, München
Druck und Bindung: RMO, München

ISBN 978-3-453-61002-6

Inhalt

Einleitung

(die Sie doch tatsächlich mal lesen sollten!)

So, und nun denken Sie, dass Ihre Probleme gelöst sind. Glauben Sie tatsächlich, dass durch den Kauf dieses Buches sich all Ihre Probleme in Wohlgefallen auflösen – mindestens aber Ihre Führerscheinprobleme? Oder glauben Sie, dass Sie Ihr Alkoholproblem so in den Griff kriegen? – Ach, Sie haben keins? – Sie haben kein Alkoholproblem? Wenn das so ist, dann stellen Sie das Buch ganz schnell zurück, denn dann ist jeder Euro, den Sie ausgeben, eine Verschwendung.

Das Gleiche gilt, wenn Ihnen der Führerschein entzogen worden ist, weil sich Ihr Punktekonto satt und prall auf über 18 Punkte gefüllt hat.

Im Weiteren werden wir Ihnen mitzuteilen haben, welche Tricks es gegeben hätte, um diesen unheilbaren Zustand abzuwenden beziehungsweise hier so zu taktieren, dass es gar nicht so weit kommt.

Nun ist aber das Kind in den Brunnen gefallen, und entweder Sie lassen sich etwas sagen und kommen zur Besinnung, oder aber Sie laufen.

Dieses Buch wird schonungslos mit Ihnen umgehen. Es wird Ihnen auch schonungslos den Spiegel vorhalten und Sie in den einzelnen Unterabschnitten zu der systematischen Erkenntnis hinführen, dass Folgendes für Sie zu verinnerlichen ist:

1. Sie sind Täter und nicht Opfer.
2. Der Mensch verhält sich in vergleichbaren Situationen prinzipiell gleich.

Aus meiner Praxis als Anwalt weiß ich nur allzu gut, dass regelmäßig alle anderen an der Trunkenheitsfahrt schuld sind und auch für das Punktekonto leicht eine Entschuldigung gefunden wird. Es ist ja auch so bequem, den Fehler bei anderen zu suchen.

Tatsächlich wird man damit allerdings bei der medizinisch-psychologischen Untersuchung, dem Idiotentest, niemanden mehr überzeugen können, der sich tatsächlich professionell mit dem Antragsteller auseinander setzt.

Sofern Sie allerdings bereit sind, im Rahmen der Lektüre dieses Buches »mitzuarbeiten«, dann sind Sie herzlich willkommen und möglicherweise ein geeigneter Kandidat, der eventuell und auch irgendwann wieder mit einem Kraftfahrzeug am Straßenverkehr teilnehmen darf.

Es gibt aber auch tatsächlich legale, das heißt nicht strafbare Tricks …

I.

Welcher Typ bin ich?

Ziel dieses Buches ist es, Sie Ihrem Führerschein wieder etwas näher zu bringen oder aber mit dazu beizutragen, dass Sie Ihren Führerschein, mithin Ihre Erlaubnis, am Straßenverkehr teilnehmen zu **dürfen**, nicht verlieren. Richtig: Die Teilnahme am Straßenverkehr ist ein Recht, welches Ihnen nicht automatisch zugeteilt wird. Verhält man sich fehlerhaft, so kann man damit rechnen, das Recht, ja das Privileg, zu verlieren, ein Fahrzeug im Straßenverkehr führen zu dürfen.

Sie haben dieses Buch gekauft; dafür gibt es sicherlich einen Grund. Welchen Grund es auch immer dafür geben mag, so haben Sie nicht nur das Buch gekauft, sondern Sie beginnen auch, sich mit dem Inhalt dieses Buches auseinander zu setzen.

Der richtige Beginn ist die Beantwortung der Frage: Was oder wer bin ich?

Grundlegend stellt sich die Frage: Bin ich ein Trinker?

Wenn Sie die Frage nicht eindeutig beantworten können, stellt sich die Frage: Ab wann bin ich/ist man denn ein Trinker?

In zahlreichen Publikationen werden ebenso zahlreiche Meinungen zu der Problematik des Alkoholikers vertreten.

In einem ebenfalls allgemeinen, weithin bekannten MPU-Buch befindet sich der Satz: »Der Alkoholiker unterscheidet sich nicht in erster Linie durch die regelmäßig oder zu bestimmten Anlässen von ihm genossenen Mengen vom Vieltrinker, sondern wie er mit dem Alkohol umgeht (oder eben nicht umgeht, sondern dem Alkohol ausgeliefert ist).«

Ich halte diese Erklärung für schlichtweg falsch. Derjenige, der regelmäßig Alkohol trinkt, mag er bezeichnet werden als Vieltrinker oder sonst wie, ist ein Alkoholiker, weil er **regelmäßig trinkt**. Es kommt also nicht allein auf die innere Einstellung zum Alkohol an, sondern vielmehr abstrakt auf die Tatsache, wie viel Alkohol und in welcher Regelmäßigkeit er Alkohol zu sich nimmt. Die oben zitierte »Irrglaube-Definition« ist äußerst gefährlich und in der Sache wenig dienlich, eine MPU-Begutachtung positiv für sich zu beenden, mithin den Idiotentest zu bestehen. Gerade hierum geht es dem Prüfer zu verstehen, ob der Kandidat sich selbst richtig definiert.

Wichtig ist bei alledem zu wissen, dass Alkoholiker, mithin Trinker, keine Schimpfbezeichnung ist, sondern vielmehr die Beschreibung eines Zustands, eines möglicherweise krankhaften Zustands.

Dabei ist auch deutlich zu unterscheiden, dass es mehrere verschiedene Stadien von Alkoholismus gibt, die im Einzelnen beleuchtet werden sollen.

1. Trinker

a) Der Alpha-Trinker

Kurzdefinition: Alkoholkonsum ohne Kontrollverlust zur Bewältigung psychischer und körperlicher Probleme (so Pschyrembel, Klinisches Wörterbuch, 258. Auflage)

»Was, ich soll ein Trinker sein? Also das ist doch die Höhe.«

Empört stemmt Herr M. beide Arme gegen die Lehnen und scheint sich erheben zu wollen. Er protestiert und gibt mir zu verstehen, wie falsch, ja geradezu unverschämt er meine Einschätzung findet, ihn zu einem »Mitglied der Alpha-Trinker-Gruppe« zu machen.

»Na, man wird doch abends sein Bierchen trinken dürfen!«

Etwas ungläubig blickt mich Herr K. an und ist sich keiner Schuld, schon gar nicht der Dramatik oder auch nur Problematik, bewusst.

Es ist in der Tat nichts gegen »ein Bierchen« einzuwenden. Dieses Synonym für »ein Bierchen« ist aber auch nur das: ein Synonym.

In Wirklichkeit – hier prüfe jeder sein eigenes Trinkverhalten – wird nicht nur »ein Bierchen« getrunken, sondern teilweise (erheblich) mehr! So wird regelmäßig nach Feierabend zum Essen – möglicherweise auch schon davor – ein kleines Bierchen genossen.

»Die berühmte Flasche Bier zum Abendessen hat noch keinem geschadet!«

Mit dem Abendessen und dem Verdauungsschnaps ist Herr K. immer so gegen 19.45 Uhr fertig. Er berichtet dann weiter, dass er noch mal eben schnell mit dem Hund runtergeht und sich es dann im Fernsehsessel gemütlich macht. Auf meine Frage hin weiß er auch dann zu berichten, dass er es sich mit einer weiteren Flasche Bier vor dem Fernsehapparat gemütlich macht.

Er erzählt mir, dass er die Flasche über den Abend verteilt trinkt und sich dann – spätestens nach Ende des 20.15-Uhr-Films, wenn er noch nicht müde ist – noch ein weiteres Fläschchen aufmacht.

Dieses Fläschchen trinkt er dann für gewöhnlich über den Abend verteilt, bis er schließlich so müde ist, dass er ins Bett geht.

Doch eines Tages, noch bevor der Spätfilm zu Ende ist, erreicht die Familie K. ein Anruf, in welchem zunächst Frau K. mitgeteilt wird, dass der Sohn des Hauses mit seinem zugegebenermaßen schon betagten Fahrzeug liegen geblieben ist.

Ob sich Herr K. nun generell für Probleme an Pkws zuständig fühlt oder Frau K. ihm das Gefühl gegeben hat, dafür nicht zuständig zu sein, jedenfalls fühlt sich Herr K. aufgerufen zu helfen, indem er losfährt. Ohne nachzudenken, streift er sich seine Jacke über, zieht die Schuhe an und verlässt eiligst mit dem Autoschlüssel bewaffnet die Wohnung.

Nicht im Traum macht er sich darüber Gedanken, dass er aufgrund des genossenen Alkohols möglicherweise über 1,1 Promille hat. Wir erinnern uns: die Grenze der absoluten Fahruntüchtigkeit!

Und wieder einmal kommt es, wie es kommen muss: Während Vater und Sohn an der Pannenstelle noch darum bemüht sind, das Fahrzeug des Kronensohns mittels Abschleppseil anzuhängen, hält eine Polizeistreife an und fragt, ob man weitere Hilfe benötige. Bei der Gelegenheit riechen die Polizisten einmal näher hin und stellen fest, dass Herr K. nicht ganz nüchtern ist. Sie fordern ihn auf, in ein mitgebrachtes Testgerät zu pusten. Dieser Aufforderung kommt Herr K. nach, der jetzt plötzlich ahnt, was sodann Gewissheit wird. Das Alkoholmessgerät der Firma Dräger weißt auf dem Display eine Atemalkoholkonzentration von 1,4 Promille aus.

Die sich sodann anschließende Blutprobe ergibt eine Blutalkoholkonzentration von 1,12 Promille im Mittelwert.

Damit erweist sich Herr K. als absolut fahruntüchtig.

Wir rechnen nach:

1. Das erste Bierchen nach Feierabend – Feierabendbier.
2. Das zweite Bier zum Abendessen und der Verdauungsschnaps.
3. Das dritte Bier zum ersten Fernsehfilm.
4. Das vierte Bier zum zweiten Fernsehfilm.

Zusammengenommen sind das vier Flaschen Bier zu jeweils 0,5 Litern.

Wir erinnern uns: Eine Flasche Bier hat je nach Marke und

Größe zwischen 16 und 25 Gramm Alkohol (Durchschnitt 20 Gramm), mithin hat Herr K. mühelos am Abend 80 Gramm reinen Alkohols zu sich genommen.

Das Problem ist für Herrn K. vor allen Dingen die **Regelmäßigkeit**.

Sie kennen das Sprichwort: »Steter Tropfen höhlt den Stein!«

Weder Herr M. noch Herr K. würden sich als abhängige Trinker bezeichnen. Beide würden noch nicht mal das Attribut Trinker als korrekte Bezeichnung ihres Zustands für sich selbst akzeptieren. Denn bei einem haben sie Recht: Beide arbeiten unbeanstandet und regelmäßig in verantwortungsvoller Position. Herr M. ist Gabelstaplerfahrer und Lagerist. Tag für Tag, Woche für Woche, Monat für Monat erledigt Herr M. seinen Job in einem großen Elektronikfachhandel unbeanstandet. Er bewegt dort im wahrsten Sinne des Wortes Millionenwerte. Ohne seine verantwortungsvolle Einstellung seinem Beruf und seiner Arbeit gegenüber würde der Betrieb schnell in erhebliche Schwierigkeiten geraten. Weil Herr M. aber so verantwortungsvoll ist, so sorgfältig und so gewissenhaft, landen die Waren und Güter genau in den Hochregalen, wo sie hingehören, und können dort auch jederzeit wieder gefunden werden.

Herr K. ist freier Handelsvertreter und legt im Jahr zwischen 50.000 und 70.000 Kilometer im Straßenverkehr zurück – völlig unbeanstandet! Als Handelsvertreter für einen großen Medienkonzern hat er es tagtäglich mit Entscheidungsträgern zu tun. Diese Bosse und Manager würde ohne weiteres jede Zusammenarbeit mit ihm ablehnen, wenn sie das Gefühl hätten, es mit einem kranken Alkoholiker zu tun zu haben. Das Gegenteil ist der Fall. Im vorletzten Jahr wurde Herr K. sogar Zweitbester im Wettbewerb um die begehrte Jahresumsatzmedaille mit exklusiver Urlaubsprämienreise.

Beide sind eingebunden in eine intakte Familie und haben zahlreiche tragende soziale Kontakte. Beide würde ich in der Tat als sozial kompetent beschreiben.

Bitte verabschieden wir uns von der verbreiteten Auffassung, wonach der Trinker gleichzusetzen ist mit einem Clochard oder einem weniger romantischen verbrämten Penner, der auf deutschen Parkbänken mit Zeitung bedeckt sein Dasein fristet.

Alpha-Trinker ist bereits derjenige, der über längere Zeiträume **regelmäßig** Alkohol in überschaubaren Mengen zu sich nimmt.

Ohne weiteres ist mit entsprechender Willensanstrengung der Alpha-Trinker in der Lage, seinen Alkoholkonsum zu kontrollieren – möglicherweise bei Bedarf sogar aufzugeben.

»Na, ich hab doch mit Alkohol kein Problem«, erklärt mir mit einer intrinsischen Souveränität Herr P. »Ne, also da irren Sie sich; ich hab das nicht nötig. Ich kann jederzeit aufhören.« Als ich etwas ungläubig Herrn P. anschaue und mir einige Notizen mache, beeilt er sich, zu versichern und hinzuzusetzen: »Nein, wirklich, ich schaffe das, das ist für mich überhaupt kein Problem.«

Im anschließenden Gespräch verabrede ich gemeinsam mit Herrn P., dass er das doch wenigstens mal für die Dauer einer Woche versucht, es ohne Alkohol zu schaffen.

Wir verabreden uns für die folgende Woche, dann wird auch die Ermittlungsakte da sein, und wir können seinen Fall besprechen. Was ist passiert? Nach einer Betriebsfeier hat Herr P. mal eben »vergessen«, dass er ein Gläschen Sekt zu viel genossen hat. »Es war ja auch so gemütlich, und ich habe mich fit gefühlt«, erklärt Herr P. nachdenklich werdend.

Schließlich räumt er ein: »Na ja, das mit dem Fahren hätte ich wohl besser gelassen.«

Tatsächlich geriet er selbst verschuldet in eine äußerst missliche Situation.

Nur weil vor einer eben gelb gewordenen Ampel das Auto vor ihm nicht schnell genug losfährt, hupt er – dann geht alles sehr schnell. Sein Vordermann beschwichtigt ihn mit einer Geste, Herr P. zeigt ihm den Vogel, der andere steigt aus, Herr P. auch, beide brüllen sich an. Der Vordermann zückt seinen

Dienstausweis und offenbart, dass er ein Polizist außer Dienst ist. Flugs versetzt sich dieser in den Dienst und bittet Herrn P., seine Personalien vorzuzeigen, nachdem er Alkohol in der Atemluft festgestellt hat. Seine herbeigerufenen Kollegen teilen seine Auffassung und bringen Herrn P., der jetzt wieder recht kleinlaut ist, zur Blutentnahme in das nächstgelegene Krankenhaus.

Die Blutprobe ergibt im Mittelwert eine Atemalkoholkonzentration von 1,57 Promille.

Der Führerschein wird vorläufig sichergestellt. Sechs Tage später hält Herr P. einen Beschluss des Amtsgerichts in der Hand, wonach ihm die Fahrerlaubnis vorläufig gemäß § 111 a StPO entzogen worden ist.

Gleich, ob Sie sich bei unseren vorgestellten Herren wiederfinden oder nicht: Man hätte es unter Umständen tatsächlich auch sein können; alle beschriebenen Verläufe sind durchaus menschlich und nachvollziehbar.

Sicher ist jedoch bei alledem, dass Sie zwar nicht körperlich, so doch möglicherweise psychisch davon abhängig sind, regelmäßig Alkohol zu trinken. Subjektiv haben Sie zwar das Gefühl, nicht vom Alkohol abhängig zu sein, Sie setzen sich aber auch mit Ihrem regelmäßigen Konsum auseinander. Eben hierin liegt das Problem.

b) Der Beta-Trinker

Kurzdefinition: Alkoholkonsum aus Anpassung und Gewohnheit, eventuell körperliche Folgen (Pschyrembel, Klinisches Wörterbuch, 258. Auflage)

Unter denen als Alkoholikern zu bezeichneten Personen bildet die Gruppe der so genannten »Beta-Trinker« die weitaus größte Gruppe: Mitglieder dieser Gruppe sind sich möglicherweise nicht unbedingt und unmittelbar bewusst, Alkoholiker zu sein. Sie spüren aber bereits die Folgen Ihres Alkoholkonsums: Die Hände zittern, klinische Symptome sind bemerkbar.

Die tägliche Alkoholmenge liegt deutlich über den konsumierten Mengen der Gruppe der Alpha-Trinker. Der Alkoholkonsum eines Beta-Trinkers beläuft sich täglich auf bis zu 150 Gramm Alkohol.

Dies ist eine ganze Menge, werden Sie sagen. Damit haben Sie Recht. Es entspricht etwa eineinhalb Flaschen Sekt oder zirka sieben Flaschen Bier.

Damit Sie einen Überblick haben, wie viel Alkohol so in dem einen oder anderen Getränk drinsteckt (Abweichungen sind natürlich immer möglich), hier eine Aufstellung:

Sorten	**Alkoholgehalt**	**Volumen Alkohol**	**in Gramm**
Bier	5 Vol.-%	0,5 l	20
Sekt	12 Vol.-%	0,1 l	10
Wein	10 Vol.-%	0,125 l	10–13
Likör	30 Vol.-%	4 cl	9
Korn	32 Vol.-%	4 cl	10
Gin/Wodka	40 Vol.-%	4 cl	13
Rum/Obstbrände	45 Vol. %	4 cl	14

Sie denken also, dass das für Sie nicht infrage kommt? So viel Alkohol würden Sie im Leben nicht trinken?

Für Frau S. war das nicht so schwierig: Sie wollte, dass ihr Mallorcaurlaub niemals endet. Gemeinsam mit ihrem Mann entschied sie sich, ein kleines Apartment in einer Eigentumsanlage an der Südküste Mallorcas zu erwerben.

Gerne erinnert sich Frau S. an die schönen Nachmittage und Abende gemeinsam auf dem Balkon mit den netten Nachbarn aus Osnabrück.

»Ja, dann haben wir schon mal am Nachmittag ein kleines Fläschchen Prosecco aufgemacht. So ein Gläschen Sekt kann doch nicht schaden. Er regt doch nur den Kreislauf an.«

Richtig ist daran, dass lediglich ein Schlückchen Sekt möglicherweise sogar therapeutische Wirkung hat. Bloß bei dem einen Gläschen ist es ja nicht geblieben. Im Laufe des Nachmittags bis hin zum Abend war regelmäßig Anlass, das eine oder andere Fläschchen zu »köpfen«. War der Abend dann gegen 1.30 oder zwei Uhr in der Nacht zu Ende, hatte man das Gefühl, einen wunderbaren Abend mit den netten Nachbarn aus Osnabrück erlebt zu haben und gleichzeitig – je nach Anzahl der anwesenden Gäste – auch pro Kopf etwa zwei bis drei Flaschen Sekt oder Prosecco.

So ging das über Wochen und Monate – ja über Jahre. Jeder Abend war geeignet, ihn besonders zu würdigen. Wenn die Sonne besonders schön unterging, hatte man einen Anlass, gemeinsam auf der Terrasse zu sitzen und wehmütig über den Sommer nachzudenken, über die verflossene Jugend und so fort. Man hatte aber genauso Anlass, gemeinsam ein Gläschen zu sich zu nehmen, quasi als »Seelentröster«, wenn es in Bindfäden goss. Da fand man sich allerdings schon so gegen elf Uhr zusammen, um gemeinsam den Nachmittag zu verleben, und das jedes Mal mit Unmengen von Sekt.

Sie haben keine Finca oder ein Apartment auf Mallorca? Dann sind Sie vielleicht davor bewahrt, sich in überteuerten Bekleidungsläden auf Mallorca über Preise ärgern zu müssen. Sie sind aber nicht davor gefeit, Alkoholiker zu werden oder zu sein.

Denn Mallorca ist überall. »Mallorca« ist in Ihrem Schrebergarten. »Mallorca« ist aber auch in Ihrem Hobby- oder Bastelkeller, im Vereinsheim, in Ihrer Eckkneipe, in Ihrem Stammlokal und so weiter.

Nicht nur Events sind eine solche Gefahr. Auch Ihr Heim ist nicht sicher! Eine große Gefahr liegt doch auch darin, dass Sie gemeinsam mit Freunden oder einfach auch nur alleine oder mit Ihrer Ehefrau oder Ihrem Partner, Ihrem eigenen Mann (wie auch immer) das eine oder andere Gläschen trinken.

Besonders interessant in diesem Zusammenhang ist ja dann auch die Wechselwirkung zwischen Alkohol und Zigarettenkonsum. Wenn Sie Raucher sind, haben Sie nach einer Zigarette eine unglaubliche Lust, ein Schlückchen zu trinken. Danach haben Sie wieder Lust, eine Zigarette zu rauchen, und so weiter.

Das nächste beachtliche Moment in dieser Situation ist auch, dass Ihr Körper sich darauf eingestellt hat. Mit einer gewissen Bewunderung werden Sie anerkennend als der gehandelt, der »schon eine ganze Menge verträgt«. Genau hierin liegt das Problem. Erinnern Sie sich an früher, an Ihr erstes Bier oder Ihren erster Wein oder Ihr erstes Glas Sekt zur Konfirmation oder Jugendweihe, zur Firmung oder Ähnlichem: Sie fühlten sich betrunken. Erinnern Sie sich bitte an Ihren ersten Rausch, den Sie erlebt haben. Am nächsten Tag wollten Sie sterben. Bitte bedenken Sie noch heute Ihre Trinkmengen zum damaligen Zeitpunkt. Gemessen an dem heutigen Konsum eines Beta-Trinkers ist dies geradezu lächerlich. Der Körper eines Beta-Trinkers hat jedoch hier bereits eine gewisse *Alkoholtoleranz* entwickelt, die den Körper nicht mehr so heftig reagieren lässt. Ebendiese Alkoholtoleranz ist es, die zum einen dazu verleitet, noch mehr und weiter zu trinken, zum anderen ist diese Alkoholtoleranz und die damit verbundene Beeinträchtigung der Blut- und Leberwerte untrügliches Zeichen für eine nicht zu verachtende Alkoholkarriere.

c) Der Gamma-Trinker

Kurzdefinition: Alkoholkonsum mit Kontrollverlust, Abhängigkeit und körperlichen und sozialen Problemen (Pschyrembel, Klinisches Wörterbuch, 258. Auflage)

Sofern Sie sich in die Gamma-Trinker-Gruppe einreihen beziehungsweise sich hierunter zählen dürfen, hat das auch etwas Gutes: Jetzt ist Ihr Alkoholismus eine anerkannte Krankheit, deren Therapie sogar von den Krankenkassen bezahlt wird.

Die Kehrseite der Medaille ist aber, dass der gewünschte Rausch ausbleibt. Sie werden feststellen, dass Sie es einfach nicht mehr schaffen, richtig betrunken zu werden. Ich gehe davon aus, dass Sie bei der Bewältigung Ihres Suchtproblems Hilfe brauchen.

d) Delta- und Epsilon-Trinker

Kurzdefinition Delta-Trinker: Alkoholkrankheit mit Abhängigkeit und Abstinenzunfähigkeit

Kurzdefinition Epsilon-Trinker: Exzessiver Alkoholkonsum mit Kontrollverlust, eventuell wochen- und monatelanger Alkoholkonsum (Pschyrembel, Klinisches Wörterbuch, 258. Auflage)

Hier sind auch die so genannten Spiegeltrinker zu nennen. Dabei ist zu wissen, dass man pro Stunde zirka 0,1 bis 0,8 Gramm Alkohol bei normaler körperlicher Konstitution abbaut. Sie werden feststellen, dass Sie gar nicht mehr richtig nüchtern werden. Sofern Sie zu dieser Gruppe gehören, sollten Sie dringend die Möglichkeit einer Entgiftung nutzen, die auch von der Krankenkasse bezahlt wird.

Wenn Sie allerdings die Auffassung vertreten, das selbst zu können, dann bin ich einmal gespannt, wie Sie es schaffen wollen. Setzen Sie sich für diesen Fall Ziele, berichten Sie Ihrer Umwelt regelmäßig. Ich gehe davon aus, dass es Ihnen kaum möglich sein wird, aus dem Teufelskreis alleine auszubrechen. Es gibt zahlreiche erfahrene Psychologen, die Ihnen zumindest in der Anfangszeit hilfreich und beratend zur Seite stehen können. (Eine Liste mit erfahrenen Verkehrspsychologen finden Sie am Buchende). Vielleicht wird Ihre Sensibilität auch dadurch geschärft, dass Sie zunächst einmal bei den Anonymen Alkoholikern an dem einen oder anderen Gespräch teilnehmen.

Wichtig für Sie ist jedoch, dass Sie den ersten Schritt getan haben und bereit sind zu erkennen, dass Sie ein Alkoholproblem haben und alkoholkrank sind.

2. Geschwindigkeitssünder

Ein Blitz durchzuckt Marco M., als er in einer Entfernung von etwa 150 Metern einen Streifenwagen stehen sieht und daneben, auf einem Stativ, ein Lasergerät. Dahinter zwei Polizeibeamte. Nachdem der im Nacken beginnende Blitz sich langsam in der Magengrube eingefunden hat, wird es Marco M. klar, dass es ihn jetzt erwischt hat. Zwischenzeitlich lässt er sein Fahrzeug ausrollen und denkt fieberhaft darüber nach, wie er diese Situation meistern kann. Denn meistern muss er irgend etwas. Er weiß, dass er bereits 16 Punkte in Flensburg hat. Überschlägig rechnet er schnell nach, was ihn nunmehr erwartet: Erlaubt waren 70 km/h, gefahren ist er mindestens 120 km/h – das wird teuer. Dabei war das doch eine gut ausgebaute Straße. Marco M. hat die 120 km/h gar nicht richtig gemerkt.

Das Fahrzeug läuft doch von alleine. Während er noch so überlegt und grübelt, kommt ihm schnell in den Sinn, dass er mit mindestens drei Punkten zu rechnen hat. Warum musste er auch telefonieren?

Missmutig steigt er aus, nachdem der nüchterne und unnahbare Polizeibeamte ihn höflich mit dem Tagesgruß willkommen heißt und sich sodann vorstellt und Marco M. auffordert auszusteigen, um sich von der ordnungsgemäßen Messung zu überzeugen.

Jetzt spätestens ist sicherlich nicht nur Marco M. klar, dass man nicht nur aufgrund des Punktekontos seinen Führerschein einbüßen kann. Nach geltendem Recht verliert derjenige den Anspruch auf die Erteilung einer Fahrerlaubnis mindestens für sechs Monate, der den Führerschein entzogen bekommen hat. Sodann ist damit zu rechnen, dass man seine erneute Eignung gegebenenfalls durch eine medizinisch-psychologische Untersuchung (MPU) unter Beweis stellen muss.

Die eingangs gestellte Fragestellung war jedoch: Welcher Typ bin ich?

Zweifellos verliert nicht derjenige den Führerschein, der aus Unachtsamkeit irgendwo einmal zu schnell fährt. Derjenige, dem etwas Derartiges passiert, erhält häufig die Gelegenheit, gegen Verdoppelung der Geldbuße ein Fahrverbot zu umgehen.

Sollte dies nicht möglich sein, so geht er allenfalls für einen Monat zu Fuß. Dies ist von der Rechtsprechung als Denkzettel vorgesehen worden. Zeit zum Nachdenken. Er kann weiter darüber nachdenken, ob er zukünftig sich wieder für eine Geschwindigkeitsüberschreitung entscheidet oder ob er möglicherweise genauer auf den Tacho und die Straßenschilder, die eine Geschwindigkeitsbeschränkung vorsehen, beachtet.

Es ist also nicht derjenige, der »mal« zu schnell fährt. Es ist vielmehr derjenige, der mit einer gewissen Beharrlichkeit Verkehrsschilder ignoriert und sich auch sonst über Verbotszeichen hinwegsetzt. Dabei kommt bei einem 18-Punkte-Konto nicht nur eine Vielzahl von Punkten zusammen, sondern auch die Gesinnung des Kontoinhabers zum Ausdruck. Ihm sind Verkehrsregeln ziemlich egal. Hauptsache, er kommt schnell voran. Es ist also die Gesinnung, die hier zum Ausdruck kommt – diese soll ja dann auch in der MPU überprüft werden.

Es ist daher dringend erforderlich, dass im Falle einer Führerscheinentziehung aufgrund des Erreichens der 18-Punkte-Grenze eine psychologische Beratung in Anspruch genommen wird. Denn auch hier gilt die psychologische Erfahrungstatsache (auch wenn es Ihnen aus dem Hals heraushängt): Der Mensch verhält sich in vergleichbaren Situationen prinzipiell gleich. Wenn Sie also wieder auf der Straße freie Fahrt haben oder aber ein Zeitgefühl im Nacken verspüren, werden Sie sich wieder über eine Geschwindigkeitsbeschränkung hinwegsetzen und Gas geben. Sie werden im Weiteren noch Gelegenheit erhalten, auch hier mit mir gemeinsam über so genannte Vermeidungsstrategien nachzudenken, um zur Überzeugung des Sachverständigenprüfers Ihre wieder gewonnene Fahreignung unter Beweis stellen zu können.

Dies ist allerdings nicht ganz einfach, denn anders als bei einem Alkoholstraftäter ist man als »Raser« der Möglichkeit beraubt, eine Wandlung ohne weiteres bereits durch objektive Anzeichen (Blut-/Leberwerte) unter Beweis stellen zu können. Also, mal ganz ehrlich: Welcher Typ sind Sie?

Huschen Sie nicht doch mal schnell eben noch so bei Dunkelgelb über die Ampel, wenn weit und breit niemand zu sehen ist?

Haben Sie nicht doch schon einmal auf der Autobahn rechts überholt, als ein »ewiger Linksfahrer« über eine Viertelstunde und zig Kilometer mit 120 km/h auf der linken Spur dahinschlich?

Die Liste lässt sich beliebig fortsetzen. Wichtig ist mir nur das eine: Ich möchte, dass Sie sich darüber klar werden, wer Sie tatsächlich sind. Ich möchte, dass Sie erkennen, dass man Sie nicht einfach nur erwischt hat, sondern dass Ihre permanenten Geschwindigkeitsüberschreitungen lediglich Ursache waren, dass es Sie erwischt hat.

Halt! Schon wieder falsch!

»Es« hat Sie schon gar nicht erwischt. Die Gemeindevollzugsbeamten oder die Polizei oder Mitarbeiter des Landratsamtes haben Sie erwischt.

Halt! Sie sind auch nicht erwischt worden. Vielmehr ist nach dem Gesetz der Wahrscheinlichkeit der kalkulierbare Umstand eingetreten, dass Sie gelegentlich einer Geschwindigkeitsüberschreitung festgestellt wurden. Wir versuchen also allein in unserem Sprachgebrauch schon zu vermeiden, dass der Eindruck erweckt wird, Sie wären das Opfer einer wegelagerischen Machenschaft.

Ich gestehe an dieser Stelle mehr als gerne ein, dass eine Vielzahl von Radarfallen (der Name sagt schon alles) dazu ausgelegt ist, den Gemeinde- beziehungsweise Stadtsäckel zu füllen, und weniger von dem Bemühen beseelt ist, die Sicherheit im Straßenverkehr zu fördern.

So konnte ich es bisher keinem einzigen Mandanten klarmachen (ich wollte es auch gar nicht), dass eine Geschwindigkeitsmessung um 23.15 Uhr in einer Kleinstadt in einer 30er-Zone vor einer Schule tatsächlich eine sinnhafte Maßnahme ist, die dem Schutz der Kinder dient.

Auch das Auflauern zu nächtlicher Stunde an einer weithin einsehbaren Straßenkreuzung mit Stoppschild gehört in die gleiche Kategorie.

Wir haben uns auf einen bestimmten Verhaltenskodex geeignet. Dazu gehört unter anderem, dass wir nicht zu schnell fahren und auch die anderen Regeln einhalten.

Sollten Sie es gleichwohl darauf ankommen lassen, dann versuchen Sie sich nicht damit herauszureden, Sie seien erwischt worden. Dann erscheint es durchaus überzeugender, die Position einzunehmen, dass Sie **damals (!)** noch die Geschwindigkeit vorsätzlich überschritten haben, weil Sie gedacht haben, dass es schon gut gehen werde.

Heute – so zumindest Ihre Einlassung bei der MPU – sind Sie viel klüger, weiser und reifer und lassen sich nicht mehr aus der Ruhe bringen, fahren schon einige Zeit vorher los und haben sich im Übrigen ein Cabrio zugelegt, um jeder Raserei Vorschub zu leisten.

Was auch immer Sie erzählen: Es muss plausibel sein, und Sie sollten es auch leben.

Der Leser sei versichert, dass ich mit diesen voranstehenden Zeilen nicht moralisierend wirken möchte. Seien Sie versichert, eine affektive Geneigtheit mit Ihnen als Schnellfahrer verbindet uns.

Ich möchte allerdings, dass Sie gleichwohl das Geschriebene ernst nehmen, da ich noch immer von dem Wunsch beseelt bin, Ihnen so weit »auf die Sprünge« zu helfen, dass Sie ohne weiteres den MPU-Test bestehen.

Was ich wirklich zu Geschwindigkeitsbeschränkungen und sonstigen limitierenden Auflagen halte, besprechen wir andernorts.

a) Der Pechvogel

Wenn Sie ein Pechvogel sind, also immer »erwischt« werden, dann sind Sie hier genau richtig. Dann sind Sie nämlich genau derjenige, der weder etwas verstanden hat noch etwas in seinem Verhalten ändern wird und der deshalb auch nicht die MPU bestehen wird. Dann sind Sie nämlich derjenige, der nicht Täter, sondern vielmehr Opfer ist. Jetzt zeigt es sich, ob Sie die Einleitung gelesen haben und ob Sie auch bereit sind, in diesem Buch mitzuarbeiten. Beides ist aber erforderlich, um sich mit Erfolg auf die MPU vorzubereiten.

Denn ein für alle Mal wollen wir mit einem Irrglauben aufräumen: **Es gibt keine Pechvögel!**

Es gibt nur unachtsame Autofahrer, die in kurzen, unbeobachtet geglaubten Situationen einen Fehler absichtlich gemacht haben oder aber aus Versehen gegen die Straßenverkehrsordnung gehandelt haben.

In beiden Fällen ist man jedoch nicht ein Pechvogel, sondern derjenige, der die tatsächliche Ursache gesetzt hat. Wir erinnern uns: »Ich bin Täter und kein Opfer.«

Mit dieser Grundüberzeugung werden Sie sicherlich besser fahren als mit der Behauptung beim Prüfer: »Na ja, und standen sie da wieder …«

»Was kann ich für Sie tun?«, frage ich Herrn F., als er im Sessel mir gegenüber Platz nimmt. Resignierend zuckt Herr F. mit den Schultern, wirft mit einer lässigen Handbewegung ein gelbes Kuvert auf den Tisch und lehnt sich leicht seufzend zurück. Während er mich vorwurfsvoll über seine kleine Goldrandbrille hin anschaut, raunt er: »Da haben sie mich mal wieder gekriegt. Ausgerechnet an dem Donnerstag musste ich für den Kollegen einspringen. Ausgerechnet an dem Tag ist mir die X-Fleischerei ausgefallen, und dann standen sie da. So viel Pech an einem Tag kann man gar nicht haben, denn außer dem Blitzfoto habe ich mir auch noch beim Rückwärtsfahren die Ladebordwand eingedrückt.«

Auf den ersten Blick sieht Herr F. wirklich wie ein Pechvogel aus. Das ganze »Pech« des Herrn F. offenbart sich mir jedoch erst, als er mir im Weiteren schildert, dass er schon öfters »Pech« gehabt hat. So hatte er vor einem halben Jahr ein paar Gläschen zu viel gehabt, und ausgerechnet ihn mussten sie rausziehen. Pech gehabt. Das waren zwei Monate Fahrverbot und jede Menge Punkte. Dann hat er in Berlin beim Ausliefern auch noch eine rote Ampel übersehen. Er ist zwar der Meinung, dass ein anderer mit ihm zusammen über die Ampel gefahren ist. Aber ausgerechnet ihn hat es erwischt. Ausgerechnet er hat den Bußgeldbescheid bekommen. Pech gehabt.

So sitzt er nun vor mir und teilt mir niedergeschlagen mit, dass für den Fall, dass er jetzt hier auch noch mal zwei Punkte bekommt, er mit 19 Punkten jenseits ist von Gut und Böse, jedenfalls aber jenseits von Flensburg oder – mit anderen Worten: den Führerschein los.

Da sich dieses Buch aber nicht zuvorderst mit anwaltlicher Taktik oder Strafverteidigung auseinander setzen, sondern ein Leitfaden und Ratgeber im Zusammenhang mit der medizinisch-psychologischen Untersuchung sein will, wollen wir uns darauf beschränken, das wiederzugeben, was ich mit Herrn F. diesbezüglich besprochen habe, obschon die Verhandlung für ihn sehr vorteilhaft gelaufen ist: Er wurde freigesprochen, weil nicht nachweisbar war, dass er die zulässige Höchstgeschwindigkeit überschritten hatte. Die Lasermessung wurde nämlich in einer Entfernung von 378 Metern durchgeführt, wobei der Polizist sich nicht mehr erinnern konnte, ob hinter Herrn F. ein anderes Fahrzeug gefahren war oder nicht. Er behauptete zwar, dass er grundsätzlich nur messen würde, wenn ein Fahrzeug sich **nicht** hinter dem zu Messenden befindet, konnte sich aber auf mein Befragen noch nicht einmal daran erinnern, welche Farbe das Fahrzeug meines Mandanten gehabt hatte.

Auch der herbeigerufene DEKRA-Gutachter konnte nur bestätigen, dass eine Messung bei 378 Metern einen derartig großen Streuradius um das Fahrzeug herumlegt, sodass eine Fehlmessung durch ein Fahrzeug, welches sich ebenfalls in der Annäherung befindet, nicht auszuschließen sei.

Vor diesem Hintergrund wurde Herr F. freigesprochen, sodass sich sein tatsächliches Problem zwar nicht unmittelbar stellte, es sich aber nicht in Luft aufgelöst hat; denn Herr F. ist grundsätzlich ein Pechvogel.

Da es aber, wie wir oben gelernt haben, keine Pechvögel gibt, ist zu überlegen, wie man nun reagiert oder wie Herr F. hätte reagieren müssen, wenn er irgendwann einem Gutachter vom TÜV oder der DEKRA gegenübersitzen würde in dem Bemühen, seine Fahrerlaubnis wiederzuerlangen. Dort kommen Sie mit der »Pechvogelnummer« nicht weit.

b) Der Berufskraftfahrer

Ach, Sie sind Berufskraftfahrer? Na, dann ist ja alles anders.

Oder nicht?

Beides stimmt – so ein bisschen.

Es ist natürlich denkbar, dass eine isolierte Sperre für die Berufskraftfahrer infrage kommt, die ihren Lebensunterhalt mit dem Führen von Lastkraftwagen bestreiten. Eine isolierte Sperre ist dann möglich, wenn der Nachweis gelingt, dass es sich um eine Privatfahrt handelte, und grundsätzlich nicht zu befürchten ist, dass der Bewerber zum Führen von Kraftfahrzeugen generell ungeeignet ist.

Meistens ist dann das Kind aber bereits in den Brunnen gefallen. Die Tatsache, dass Sie dieses Buch gekauft haben, zeugt eher von der Sorge, dass Ihnen die Fahrerlaubnis bereits entzogen worden ist und Sie sich über eine Neuerteilung Gedanken machen müssen.

Was gilt also?

Ihnen ist der Führerschein entzogen worden, jedoch nicht aufgrund von Alkohol, sondern – deshalb auch die systematische Einteilung und die Erörterung an dieser Stelle –, weil Sie einfach zu häufig verkehrsrechtlich in Erscheinung getreten sind. Sehr überzeugend ist die Definition, die in einen Leitsatz gefasst ist:

Ist die Eignung zum Führen von Kraftzeugen aufgrund wiederholter und erheblicher Verstöße gegen verkehrsrechtliche Vorschriften infrage gestellt oder war die Eignung ausgeschlossen, so kann die Eignung nur dann als gegeben oder als wieder hergestellt betrachtet werden, wenn der Betroffene die nachstehend aufgeführten Voraussetzungen erfüllt:

- *Es besteht Einsicht in die Problematik des Fehlverhaltens beziehungsweise die Ungewöhnlichkeit der Häufung, die Ursachen der Verkehrsverstöße werden anerkannt, und risikoarme Vermeidungsstrategien sind entwickelt.*
- *Die wesentlichen Bedingungen, die für das problematische Verhalten maßgeblich waren, werden von dem Betroffenen anerkannt.*
- *Innere Bedingungen, die früher das verkehrswidrige Verhalten bestimmt haben, konnten zum Guten gewendet werden.*
- *Ungünstige äußere Bedingungen, die das frühere Fehlverhalten mitbestimmt haben, sind im Hinblick auf die maßgeblichen Gesichtspunkte zum Positiven verändert worden, sodass*

jetzt davon auszugehen ist, dass das Verhalten des Bewerbers nicht mehr durch diese negativen äußeren Bedingungen bestimmt wird.

- *Der Bewerber ist noch in der Lage, angemessen sein Verhalten im Straßenverkehr einzuordnen. Das heißt, dass er noch in der Lage ist, sich mit verkehrstypischen Gefahren auseinander zu setzen, diese zu erkennen und angemessen darauf zu reagieren.*

c) Der Rechthaber

»Was?« – halblaut entrüstet aufschreiend und sich im Sessel zurückwerfend schaut Herr D. zu seiner Frau hinüber, die mir ebenfalls gegenübersitzt. »Ich soll ein Rechthaber sein? Schatz, sag doch auch mal was. Ich bin doch kein Rechthaber. Ich lasse doch jedem sein Recht. Jeder kann bei mir machen, was er will. Ich – ach, mir ist es doch ziemlich egal. Ich leg mich doch nicht mit den Leuten an. Ich doch nicht. Ich habe ja auch gar nichts davon. Wissen Sie« – jetzt spricht er in meine Richtung und wirkt sehr selbstgerecht – »wir sind nicht zu Ihnen gekommen, weil wir uns belehren lassen wollen. Ich sehe nicht ein, dass ich Punkte für etwas bekommen soll, was ich nicht verdient habe. Kein Mensch kann mir sagen, was der Corsa elf Kilometer lang auf der linken Spur auf der A 7, kurz vor dem Kirchheimer Dreieck, zu suchen hatte. Rechts vorbeifahren darf man nicht. Hupen darf man nicht. Lichthupe darf man nicht geben. Was soll ich den sonst machen? Ich hab mal gelesen, dass man nicht immer links fahren darf. Es gibt auch ein Rechtsfahrgebot!«

Herr D. hat Recht. Ja. Er hat wirklich Recht. Es gibt ein Rechtsfahrgebot. Es hat auch niemand irgend jemandem gesagt, dass er über Stunden auf der linken Fahrspur verharren soll. Ja, unbestreitbar hat Herr D. Recht. All dies hilft ihm jedoch nicht, weil hinter Herrn D. noch ein ProViDa-Fahrzeug unterwegs war, welches seine »Annäherungsversuche« zu dem vor ihm fahrenden Corsa filmte.

Herr D. hat Recht: Es ist ungerecht, dass dem Corsafahrer im Grunde genommen gar nichts passiert, obschon er über elf Kilometer die linke Spur auf der A 7 blockiert hat, kurz vor dem Kirchheimer Dreieck. Nein, man hat sich Herrn D. herausgesucht. Er sah plötzlich in seinem Rückspiegel blaue flackernde Lichter und fuhr auf die Seite, woraufhin das Polizeifahrzeug sich als solches zu erkennen gab und er hinter der freundlichen Aufforderung herfuhr: »Polizei, bitte folgen«.

Herrn D. hilft es auch nicht viel, wenn ich salomonisch versuche zu schlichten, indem ich ihm versichere, dass Michael Kohlhaas auch Recht gehabt hat.

Hier ein Lösungsvorschlag beziehungsweise -ansatz: Versuchen Sie, anders als Michael Kohlhaas, sich der Macht zu beugen, dem Motto folgend: Der Klügere gibt nach.

Zur seelischen Erbauung nachstehende Funkgesprächsaufzeichnung, abgedruckt im Londener »Daily Telegraph«, nachdem der Inhalt des Funkprotokolls durch die US-Kriegsmarine freigegeben wurde.

Station 1: »Ändern Sie Ihren Kurs um 15 Grad nach Norden, um eine Kollision zu vermeiden.«

Station 2: »Ich empfehle, **Sie** ändern Ihren Kurs um 15 Grad nach Süden.«

Station 1: »Hier spricht der Kommandant eines US-Kriegsschiffs. Ich wiederhole: Ändern **Sie** ihren Kurs!«

Station 2: »Nein, **Sie** ändern Kurs!«

Station 1: »Dies ist der Flugzeugträger ›Enterprise‹! Wir sind ein sehr großes Kriegsschiff der US-Navy. Ändern **Sie** Kurs – und zwar jetzt!!!«

Station 2: »Wir sind ein Leuchtturm. Over!«

Zwar sind Ort und Zeit des Geschehens nicht bekannt geworden. Aus der Tatsache jedoch, dass das 342 Meter lange Flaggschiff eines US-Kampfträgerverbands (93 970 Tonnen, acht Atomreaktoren, 5765 Mann Besatzung, 78 Kampfflugzeuge) immer noch schwimmt, dürfte es nicht der Leuchtturm gewesen sein, der letztlich abdrehte.

d) Angeber, Gummibrater & Co.

Glänzend im Lack stehen sie da, die Boliden. Ob Opel, VW oder Audi, alle diese Mittelklassefahrzeuge haben eins gemeinsam: Sie sehen aggressiv aus, sind bis zur Peinlichkeit aufgemotzt und tragen Schriftzüge, die den Fahrer als Heldenkämpfer als Asphaltrambo ausweisen. Da triumphiert das Golfgeschwader über die Opelgang, die Suzuki-Fighter besiegen den Rest der Welt, und so weiter.

Das Kofferraumladevolumen ist zwar begrenzt durch Bassrolle, Subwoofer und Verstärker und reduziert auf die Größe eines Milchkartons, doch der Fahrer ist glücklich – wenn auch fast taub. Die Lässigkeit, mit der ein Zentimeter Gummi vor jeder grün werdenden Ampel verbleibt, nötigt jedem Reifenhändler Respekt ab. Seit Mantazeiten hat sich nicht viel geändert. Sofern Sie sich dieses Buch gekauft haben, weil Sie als Golffahrer mit Ihrem getunten Golf mehrfach in die Fänge der Wegelagerer geraten sind, dann ertragen Sie bitte meinen beißenden Spott. Ich bin selbst Mantafahrer gewesen. Aber das ist eine andere Geschichte.

Hier geht es jetzt auch nicht darum, wie peinlich ein Auto aufgemotzt ist und ob und inwieweit Minderwertigkeitskomplexe mit diesem oder jenem Spoiler wettgemacht werden. Es geht darum, dass es ein bestimmtes Klientel an Straßenverkehrsteilnehmern gibt, die in ihrem Fahrzeug wesentlich mehr sehen als nur ein Fortbewegungsmittel. Es ist Kampfmaschine, Potenzersatz und Anmachhilfe. Sie haben die Punkte vielleicht nicht erhalten, weil Sie »nur« zu schnell gefahren sind. Vielfach beobachte ich, dass gerade junge Leute nach der Verschönerung ihres Fahrzeugs vergessen, ebendiese Veredelung auch in der gehörigen Weise zu legalisieren, das heißt eintragen zu lassen. Das wiederum wissen viele Ordnungshüter, die mit einer gekonnten Lässigkeit gelegentlich nächtlicher Straßenverkehrskontrollen sich Fahrzeugpapiere und Führerschein zeigen lassen, wobei sie Erstere sorgfältig studieren. Dort sind es die 49 Zentimeter, die bei der Unterkantenlampenmessung unterschritten werden; da sind es die nicht korrespondierenden Einpresstiefen der Felgen.

Dafür haben Sie schon manchmal eben das eine oder andere Pünktchen kassiert. Ihr Hauptproblem waren aber Geschwindigkeitsüberschreitungen und Drängeleien.

Klar, ich war auch mal jung und kann bis zu einem gewissen Grad verstehen, dass der Gegner an der Ampel unbedingt bis spätestens zur nächsten Kreuzung zersägt sein muss. Ich weiß, wie unerträglich es ist, wenn der PS-Schwächere nur aufgrund eines eigenen Fahrfehlers als Erster wieder bei der nächsten roten Ampel ankommt.

Ärgerlich für Sie ist nur, dass es schlicht und ergreifend verboten ist, auf der Straße wilde Sau zu spielen.

Vielleicht gelingt es mithilfe dieses Buches, eine neue – wenn auch nicht zwingend unrühmliche – Haltung zum Straßenverkehr einzunehmen.

Auch wenn es uncool erscheinen mag, so empfehle ich doch, die Rennen auf den Nürburg-, Hockenheim- oder Lausitzring zu verlagern. Klar, es ist viel lässiger, wenn man auf nächtlichen Straßen ein solches Rennen veranstaltet. Ich kann Sie da schon verstehen.

Ich möchte Ihnen auch nicht zu nahe treten, sollten Sie der Fraktion »nur die Besten sterben jung« angehören. Aus meiner jahrelangen Erfahrung als Rettungssanitäter weiß ich, dass nach Verkehrsunfällen die Schmerzschreie genauso laut sind und das Blut genauso rot fließt wie bei allen anderen

Verkehrsteilnehmern. Wenn Sie wochenlang danach zur Rehabilitation gefahren werden müssen, ist der Jammer überall groß.

Ihnen ist nur durch eine Radikalkur zu helfen: Sie müssen ein halbes Jahr zu Fuß gehen. Das wollen Sie nicht? Wozu Sie sich dieses Buch gekauft haben, werden Sie sich fragen.

Ich möchte Sie an dieser Stelle vor allen Dingen auf nachfolgende Kapitel verweisen, in denen eine intensive Auseinandersetzung mit der MPU-Problematik in der Testsituation als solcher stattfindet, und insbesondere zur Problematik des Psychologengesprächs.

Nur, hier schon so viel: Sie müssen verdammt hart an sich arbeiten und eine 180-Grad-Wende in Ihrer Geisteshaltung zum Thema Automobil vollbringen.

Sie müssen als Vermeidungsstrategie eine Aggressionskompensationsmethode entwickeln. Keine Ahnung, ob ich Ihnen empfehlen soll, in einen Karate- oder Boxclub einzutreten. Ich gehe davon aus, wenn Sie eine entsprechende körperliche Auslastung erfahren und wenn Sie sich eine befriedigende Arbeits- und Lebenssituation geschaffen haben, haben Sie es auch gar nicht mehr nötig, durch Äußerlichkeiten wie durch ein peinlich aufgemotztes Auto aufzufallen.

Bisher haben Sie sich zu einem Großteil über Ihr Auto identifiziert, auch wenn Sie das nicht wahrhaben wollen.

Sofern es Ihnen gelingt, Ihr Selbstbewusstsein aus anderen Erlebnismomenten zu ziehen, haben Sie es geschafft.

Sie werden es in der MPU-Situation sehr schwer haben, dem Prüfer glaubhaft zu vermitteln, dass Sie eine Verhaltensänderung durchlebt haben.

Durch zahlreiche Testfragen wird schon in der schriftlichen Prüfung ermittelt, ob Sie latent gewalttätig sind und bereit, Ihr Auto als Waffe einzusetzen, oder aber ob Sie Ihr Fortbewegungsinstrument zu einer Waffe umfunktionieren.

In beiden Fällen wären Sie zum Führen von Kraftfahrzeugen nicht geeignet und müssten gegebenenfalls damit rechnen, dass man Ihnen ein Antiaggressionstraining empfiehlt.

Ich gebe Ihnen eine ganz simple Empfehlung: Setzen Sie sich zu Hause hin und überlegen Sie sich bitte, welchen Kaufpreis Sie für Ihren Boliden jetzt noch bekommen würden, sofern Sie ihn verkaufen. Rechnen Sie bitte weiter, wie viel Geld Sie bisher investiert haben.

Wenn es Ihnen dann gelingt, einmal einen gänzlich anderen Urlaub mit Ihrer Freundin oder Ihrem Freund zu machen, ohne Alkohol und ohne Auto, mit Rucksack und Fahrrad, dann werden Sie relativ schnell merken, dass es andere, ganz wunderbare Dinge gibt, für die Sie sich bisher noch nicht interessiert haben. Dann werden Sie plötzlich feststellen, wie relativ ein chromglänzendes Auto ist gegenüber der Frömmigkeit, Liebenswürdigkeit und Herzlichkeit zum Beispiel der Bewohner der Insel Bali.

Nur wenn Sie sich selbst neuen Erkenntnissen eröffnen, werden Sie diese raue Zeit tatsächlich hinter sich lassen und einen Prüfer überzeugen können, dass Sie von Ihrem bisherigen Verhaltensmuster abgerückt sind.

3. Drogenkonsument

Bei den Drogenkonsumenten unterscheidet die Praxis drei Fallgruppen:

a) Fahrt unter Drogen mit Fahrfehler und Ausfallerscheinungen
b) Fahrt unter Drogen ohne Ausfallerscheinungen, aber Drogeneinfluss erkennbar
c) Fahrt unter Drogen ohne Fahrfehler und Ausfallerscheinungen, aber Drogennachweis positiv

Für alle gilt: Eine Mindestabstinenz von einem Jahr ist gefordert. Dies gilt auf alle Fälle für den Bereich der harten Drogen.

Für Cannabiskonsumenten gilt, dass mindestens ein halbes Jahr Abstinenz nachgewiesen wird.

Während bei harten Drogen die Einjahresfrist für die Abstinenz gilt, nimmt Cannabis (Haschisch oder Marihuana) eine Sonderrolle ein. Sollten Sie innerhalb der von der Rechtsprechung festgestellten Grenzwerte gelegen haben, sind Sie zum einen nicht zu bestrafen, zum anderen allerdings Kandidat für eine durch die Verwaltungsbehörde angeordnete MPU. Die Verwaltungsbehörde kann auch bei Verdacht einer Ungeeignetheit die Vorlage eines Eignungsgutachtens fordern.

Ist aber von vornherein klar, dass Sie nur unregelmäßig Cannabis konsumieren, ist die Fahrerlaubnis nicht zwingend zu entziehen, wenn im Übrigen kein Grund vorliegt, dass Sie in der Lage sind, Autofahren und Cannabiskonsum voneinander zu trennen.

Hier gilt – anders als bei harten Drogen – nur die Sechsmonatsfrist, woraus bereits erkennbar ist, dass der Gefährlichkeit ein anderer Stellenwert beigemessen wird.

4. Krimineller beziehungsweise Straftäter

Klar, dass niemand kriminell sein möchte. Kriminell ist auch nur eine reißerische Umschreibung für das, was jetzt kommt. Denn wenn man gesetzwidrig handelt, ist man im Sinne des Wortes kriminell. Ohne ein richtig »schwerer Junge« zu sein, können Sie gleichwohl damit rechnen, Ihren Führerschein zu verlieren, auch ohne Alkohol und auch ohne Drogen, einfach weil Sie mit dem Gesetz in Konflikt geraten sind.

Doch lesen Sie bitte aufmerksam weiter, was Frau M. passiert ist.

Allein schon im Gesetz sind mehrere Tatbestände aufgezählt, für die eine Führerscheinentziehung infrage kommt:

§ 242 I
§ 142 I, II
§ 315 b I
§ 315 c I Nr. 2 a–g

Selbstverständlich gehört in die Riege der so genannten Kriminellen auch der Versicherungsbetrüger, der mit provozierten Verkehrsunfällen sein Einkommen erzielt.

Dass er damit Menschenleben gefährdet, ist klar und rechtfertigt die Überprüfung, ob er zum Führen von Kraftfahrzeugen geeignet ist.

Grundsätzlich gilt, dass derjenige, der Straftaten begangen hat, nach § 2 Absatz 4 StVG zum Führen von Kraftfahrzeugen ungeeignet ist, wenn

- die Straftat im Zusammenhang mit dem Straßenverkehr oder im Zusammenhang mit der Kraftfahreignung steht

oder

- die Tat ein hohes Aggressionspotenzial erkennen lässt, welches die Vermutung nahe legt, dass der Täter rücksichtslos sich über Belange und deren gesundheitliche Integrität hinwegsetzt, dass er planvoll und bedenkenlos eigene Interessen gegenüber Fremdinteressen durchzusetzen versucht oder durchgesetzt hat und dass er ein sonstiges Verhalten an den Tag legt, das ihn als impulsiven, gewaltbereiten Straftäter ausweist und vermuten lässt, dass er ein derartiges Verhalten auch im Straßenverkehr an den Tag legt.

a) Unfallflucht

Dass der Führerschein vorläufig entzogen werden kann, wenn man sich von der Unfallstelle unerlaubt entfernt, hatte Herr S. aus München erfahren. Auf dem Nachhauseweg von einer kleinen, gemütlichen Cocktailbar musste er bereits beim Ausparken feststellen, dass es mit dem Fahren wohl nichts werden wird. Gemerkt hat Herr S. nämlich, dass er zu betrunken ist, um folgenlos auszuparken – doch zu spät: Sein Nachbarauto hat bereits eine kleine Blessur davongetragen. Obwohl es beschädigt war, hat er sich zu Fuß eilig entfernt, sich in eine Taxi gesetzt und ist nach Hause gefahren.

Da ein eifriger Münchner Passant die Polizei verständigte, klingelte diese wenig später an der Wohnungstür des überraschten Herrn S. und fragte ihn, ob er Halter eines Fahrzeugs mit dem amtlichen Kennzeichen »M-VU 123« (Kennzeichen geändert) sei. Geistesgegenwärtig erklärte Herr S., dass er gar nichts sagen werde, was ihm aber zunächst nicht viel half. Die Polizeibeamten forderten ihn noch an der Wohnungstür auf, den Alkomattest zu machen, und verlangten nach entsprechender Auswertung die Herausgabe seines Führerscheins. Nach dem Pusten hatte Herr S. 1,92 Promille BAK. Die Sache schien klar.

Verzweifelt rief mich Herr S. am nächsten Tag an und teilte mir im Übrigen auch mit, dass er den Polizeibeamten gegenüber keine weiteren Angaben gemacht habe. Ich konnte somit also davon ausgehen, dass er sich nicht als Fahrer geoutet hatte.

Die wenig später mir übersandte Ermittlungsakte der Staatsanwaltschaft ergab, dass der Zeuge meinen Mandanten gesehen hatte, ihn aber trotz entsprechender Wahllichtbildvorlage, die zwischenzeitlich gefertigt worden war, nicht eindeutig identifizieren konnte. So ist mein Mandant noch einmal um die endgültige Entziehung herumgekommen und erhielt sogar wenige Wochen später den Führerschein wieder ausgehändigt.

Dies ist ein Glücksfall und keineswegs repräsentativ. Bemerkenswert fand ich in diesem Zusammenhang nur die hemmungslose Verwunderung von Herrn S., dass man ihm ohne Urteil und ohne entsprechendes gerichtliches Verfahren den Führerschein wegnehmen wollte. »Wie kann es sein, dass ich den Führerschein verliere? Ich denke, man gilt so lange für unschuldig, bis man verurteilt worden ist«, war seine Frage. Grundsätzlich hat Herr S. Recht – wenn es da nicht die Vorschrift des § 111 a StPO gäbe. Danach kann die Fahrerlaubnis vorläufig entzogen werden, wenn zu erwarten steht, dass aufgrund der durchgeführten Hauptverhandlung eine endgültige Entziehung wahrscheinlich ist. Angesichts des nicht unerheblichen Schadens, den Herr S. angerichtet hatte, war es wahrscheinlich, dass ihm der Führerschein entzogen werden würde, wenn man ihn hätte identifizieren können …

Neben der Erkenntnis »Reden ist Silber, Schweigen ist Gold« haben wir gelernt, dass auch nach einer Fahrerflucht die Entziehung möglich ist und dass eine nicht unerhebliche Wahrscheinlichkeit besteht, dass man von der Verwaltungsbehörde zur MPU aufgefordert wird.

Umgekehrt erging es Herrn K.: Nach einer Rechtskurve verlor er, aus welchen Gründen auch immer, die Kontrolle über sein Fahrzeug und landete im benachbarten Feld. Gelitten hatten unter seiner Durchfahrung des Straßengrabens ein Busch sowie ein kleinerer Baum. Auf meine Intervention hin beließ man ihm den Führerschein, obschon die Alkomatbetestung eine deutliche Alkoholkonzentration über Normalwert ergab. Da auch er keinerlei Angaben zur Sache machte, sahen die Polizeibeamten nach entsprechender telefonischer Rücksprache mit mir davon ab, seinen Führerschein vorläufig sicherzustellen, da es keinerlei Hinweise dafür gab, dass er als Täter infrage kam. Zwar war es sein Fahrzeug, was die Polizeibeamten zu Recht bemerkten. Es gibt jedoch nach ständiger und gefestigter Rechtsprechung keine Erfahrungstatsache, dass der Halter immer identisch mit dem Fahrer ist. Also musste die Polizei ihm zähneknirschend den Führerschein lassen.

Entgegen meinem ausdrücklichen Anraten füllte Herr K. einen Unfallbericht für seine Versicherung aus. Im Zuge des gerichtlichen Verfahrens – Herr K. schwieg noch immer, und der Freispruch war in greifbare Nähe gerückt – verfiel die Staatsanwaltschaft auf die feinsinnige Idee, die Haftpflichtversicherung meines Mandanten anzuschreiben mit der Aufforderung, die zu diesem Unfall eingereichten Unterlagen in Kopie zu übersenden. Diese kam der Aufforderung nach, sodass die Staatsanwaltschaft ein von meinem Mandanten selbst gefertigtes Unfallprotokoll in den Händen hielt, in welchem er sich selbst als Fahrer bezeichnete.

In erster Instanz wurde ihm der Führerschein entzogen, was durch die zweite Instanz korrigiert wurde – jedoch erst nach über neun Monaten Verfahrensdauer! Mein Mandant hatte zwischenzeitlich den Schaden ersetzt: 147,50 Euro.

b) Die Drängler & Co.

Spätestens nach der Karlsruher Entscheidung, die in Deutschland heftig diskutiert wurde, ist klar, dass man auch seinen Führerschein dadurch verlieren kann, wenn man mit hoher Geschwindigkeit auf der Autobahn links fahrend dicht auf kleine Autos auffährt.

Nun werden Sie sagen, dass Sie kein Mercedesfahrer sind; möglicherweise fragen Sie auch, was eine Mutter mit Kind auf einer vierspurigen Autobahn auf der linken Spur zu suchen hat. Mit beidem haben Sie möglicherweise Recht. Dies ändert aber nichts an der Tatsache, dass Drängeln in Deutschland als Nötigung abgeurteilt werden kann, so verständlich auch die Wut über die ewigen Links- oder Mittelspurfahrer ist.

Was für die oben genannte Personengruppe gilt, ist erst recht auf die anderen Straftäter anzuwenden: Wer sein Auto dazu benutzt, um andere Menschen zu schädigen oder aber um damit Straftaten zu begehen, verliert den Führerschein.

Wer sein Auto also quasi als Waffe benutzt, auf andere direkt zufährt oder gar mit seinem Fahrzeug beispielsweise Banküberfälle oder sonstige Raubzüge begeht und damit zum Ausdruck bringt, dass er es auch für seine kriminellen Handlungen benutzt, hat sich als ungeeignet zum Führen von Kraftfahrzeugen erwiesen und wird seinen Führerschein verlieren mit einer sich anschließenden Sperre.

Für den gesamten Personenkreis der »Kriminellen« gilt, dass ab einer gewissen Intensität durch die Fahrerlaubnisbehörde eine medizinisch-psychologische Untersuchung angeordnet werden kann.

Der gesamten oben erwähnten Personengruppe, gleich ob leichte oder schwere Jungs, ist eines gemein: Sie müssen – sofern eine MPU angeordnet worden ist – den Prüfer davon überzeugen, dass ein derartiges fehlerhaftes Verhalten zukünftig nicht mehr an den Tag gelegt wird.

c) Raub und Körperverletzung

Enrico M. ist völlig empört, als ich ihn in seiner Haftzelle besuche.

»Die ham doch echt die Fleppen geklemmt«, schäumt er vor Wut. Gelassen sieht er der Tatsache entgegen, dass er wegen gemeinschaftlich begangenen schweren Raubes wohl eine mehrjährige Freiheitsstrafe antreten muss. Völlig überrascht zeigt er sich, als ihm durch die Staatsanwaltschaft schriftlich mitgeteilt wird, dass man beabsichtige, seine Fahrerlaubnis einzuziehen, und weitergehend beantragt wird, die Fahrerlaubnis sogar lebenslang einzuziehen.

Klingt hart.

Da muss man aber wissen, dass Enrico M. mit mehreren Freunden gemeinsam ein Fahrzeug zur Treibjagd auf Asylbewerber genutzt hat. Gemeinsam fuhr man durch die Straßen auf der Suche nach Andersfarbigen. Als sie eines Nigerianers sichtig wurden, verfolgten sie ihn mit dem Pkw und jagten ihn johlend und hupend durch die Stadt. Nach einer halbstündigen Hetzjagd »stellten sie ihr Opfer« und prügelten es durch eine Hecke. Das Opfer ließen sie liegen.

Sie setzten ihren Streifzug sodann fort. Auf der Suche nach weiteren Opfern fiel ihnen ein der linken Szene zugehöriger und ihnen bekannter Junge auf, der ein Nietenhalsband trug. An diesem Halsband packten sie ihn und schleiften ihn bei geöffneter Scheibe hinter dem Auto her. Es erheiterte sie noch mehr, als der Fahrer dann mit den Hinterrädern über den am Boden Liegenden fuhr.

Als man schließlich Hunger verspürte, entschloss man sich, Geld zu beschaffen. Die Tankstelle kam da gerade gelegen. Dumm nur, dass dort Videokameras installiert waren. Seit dem Folgetag sitzt Enrico M. in Untersuchungshaft und empört sich, dass man ihn tatsächlich zum Führen von Kraftfahrzeugen für ungeeignet hält.

Die Staatsanwaltschaft hätte sogar mehr noch das Auto einziehen können, aber aus unerfindlichen Gründen darauf verzichtet.

Jeder erkennt auf Anhieb, dass die Straftaten von Enrico M. sämtlichst im Zusammenhang stehen mit der Nutzung eines Kfz. Man kann mutmaßen, dass die jugendlichen Schläger überhaupt nicht mit Erfolg hätten tätig werden können, hätten sie nicht die überlegene Schnelligkeit eines Autos für ihre Straftaten nutzen können.

So liegt es auf der Hand, dass wegen dieser Delikte festgestellt ist, dass Enrico M. zum Führen von Kraftfahrzeugen nicht geeignet ist. Und dies dauerhaft!

Bemerkenswert – und nun bin ich wieder am Ausgangspunkt – war, dass Enrico M. am empörendsten fand, dass ihm nun die Fahrerlaubnis entzogen werden soll.

Womit die Verwaltungsbehörde ihre Entziehungsmaßnahme begründet und worauf sie sie stützen kann, lesen Sie im folgenden Kapitel.

II.

Voraussetzung für die Entziehung

In der Straßenverkehrszulassungsordnung steht es juristisch präzise und unbarmherzig:

§ 3 Einschränkung und Entziehung der Zulassung

(1) Erweist sich jemand als ungeeignet zum Führen von Fahrzeugen oder Tieren, so muss die Verwaltungsbehörde ihm das Führen untersagen oder die erforderlichen Auflagen machen; der Betroffene hat das Verbot zu beachten oder den Auflagen nachzukommen.

Wir sehen, die Verwaltungsbehörde muss tätig werden, wenn sich jemand als ungeeignet zum Führen von Kraftzeugen oder Tieren erwiesen hat. Ja, Sie lesen richtig, auch Tieren. Wenn Sie Ihr Pferd also nicht ordentlich »führen«, dann kann Ihnen das Führen Ihres Pferdes untersagt werden – nach der Straßenverkehrszulassungsordnung.

Die ganz spannende Frage, die sich nun stellt, ist, wer denn nun tatsächlich ungeeignet ist zum Führen von Fahrzeugen oder Tieren.

Es wird kaum überraschen, aber der Gesetzgeber gibt hier auch eine klare Antwort: »Ungeeignet zum Führen von Fahrzeugen oder Tieren ist besonders, wer unter erheblicher Wirkung geistiger Getränke oder anderer berauschender Mittel am Verkehr teilgenommen oder sonst gegen verkehrsrechtliche Vorschriften oder Strafgesetze erheblich verstoßen hat.«

Das ist es! Wer also unter der Wirkung geistiger Getränke oder anderer berauschender Mittel – damit sind wohl Drogen oder Medikamente gemeint – am Straßenverkehr oder allgemeinen Verkehr teilgenommen hat, der verliert seine Fahrerlaubnis. Tückisch ist, dass in diesem Satz noch das Wort »besonders« zu finden ist. Es sind also nicht nur diejenigen ungeeignet zum Führen von Kraftfahrzeugen im Straßenverkehr, die betrunken oder bekifft Auto gefahren sind, sondern auch andere. Das Wort »besonders« macht es möglich!

Interessant ist, dass die Behörde auch bereits bei einem Zweifel eine MPU anordnen kann. Die Ermächtigung ergibt sich aus dem nächsten Absatz:

(2) Besteht Anlass zur Annahme, dass der Führer eines Fahrzeuges oder Tieres zum Führen von Fahrzeugen oder Tieren ungeeignet ist, so kann die Verwaltungsbehörde zur Vorbereitung einer Entscheidung nach Abs. 1 je nach Umständen die Beibringung

1. *eines amts- oder fachärztlichen Gutachtens oder*
2. *des Gutachtens einer amtlich anerkannten medizinisch-psychologischen Untersuchungsstelle oder*
3. *des Gutachtens eines amtlich anerkannten Sachverständigen oder Prüfers für den Kraftfahrzeugverkehr über die geistige oder körperliche Eignung anordnen und, wenn nötig, mehrere solche Anordnungen treffen.*

Da haben Sie es.

Schon wenn Zweifel bestehen, kann die Behörde die MPU anordnen. Dass das allerdings die Regel ist und die Verwaltungsbehörde nicht generell nach Absatz 1 entzieht, sei nur am Rande erwähnt.

Wonach geschaut wird, wenn Sie untersucht werden, ergibt sich ebenfalls aus dem Gesetz:

Gegenstand der Untersuchung ist die Begutachtung der körperlichen und geistigen Eignung im allgemeinen, wenn nicht die Verwaltungsbehörde ein Gutachten über eine bestimmte Eigenschaft (zum Beispiel Seh- oder Hörvermögen, Prothesenträger) anfordert.

1. Gesetzliche Voraussetzungen im Strafrecht

a) § 69 Absatz 1 StGB

Bei der Entziehung der Fahrerlaubnis ist § 69 StGB von zentraler Bedeutung. Während § 69 Absatz 1 StGB recht pauschal von einer rechtswidrigen Tat »im Zusammenhang mit dem Führen eines Kraftfahrzeuges« ausgeht, fasst Absatz 2 die Tatbestände genauer.

b) § 69 Absatz 2 StGB

Das Gesetz führt die Tatbestände auf, bei denen eine Vermutung für die Ungeeignetheit unterstellt wird, wenn es zu einer Verurteilung wegen der nachfolgenden Delikte kommt:

1. Gefährdung des Straßenverkehrs (§ 315 c StGB)
2. Trunkenheit im Verkehr (§ 316 StGB)
3. Unerlaubtes Entfernen vom Unfallort (§ 142 StGB)
4. Vollrausch (§ 323 a StGB)

Diese Regelbeispiele sollen der Vereinheitlichung der Rechtsprechung dienen. Zwar ist mit der Aufführung der Tatbestände keine Beweisregelung verbunden, jedoch kommt es »regelmäßig« zu einer Entziehung, wenn ein durchschnittlicher Kraftfahrer einen durchschnittlichen Verkehrsunfall mit durchschnittlicher Trunkenheit begangen hat.

Ausnahmen bestätigen die Regel, und genau ist das Prinzip!

2. Entziehung der Fahrerlaubnis nach der StVZO

Neben der Entziehung der Fahrerlaubnis aufgrund alkoholbedingter Auffälligkeit oder einem weiteren Tatbestand gemäß § 69 StGB kann der Führerschein auch nach der Straßenverkehrszulassungsordnung entzogen werden (§ 3 StVZO). Dabei ist zu wissen, dass gemäß § 3 Absatz 2 Nummer 1 bis 3 StVZO zum Nachweis der geistigen und körperlichen Eignung Sachverständigengutachten abverlangt beziehungsweise vorgelegt werden können.

3. Gesetzliche Voraussetzungen im Ordnungswidrigkeitenrecht

a) § 24 a StVG

... wenn Sie (wiederholt) mit Alkohol im Straßenverkehr unterwegs sind.

b) »Die 18-Punkte-Marke«

Nach dem Durchbrechen der »18-Punkte-Schallmauer« ist klar, dass Sie zum einen den Führerschein mit einer Mindestsperre von sechs Monaten verlieren und dass Sie zum anderen danach zur MPU antreten dürfen, um Ihre Fahrtauglichkeit unter Beweis zu stellen.

Das liegt daran, dass es Ihnen durch geschicktes Taktieren nicht gelungen ist, das Verfahren so weit in die Länge zu ziehen, dass vorrangig zu tilgende Punkte innerhalb der Zwei- beziehungsweise Fünfjahresfrist zu löschen waren und damit die Schallgrenze in weitere Ferne gerückt wäre. Nun liegt die Sache, so wie sie liegt: Ihnen ist eben das nicht gelungen. Nun haben Sie 18 oder mehr Punkte und das Problem mit der Entziehung.

III.

Wie verteidige ich meinen Führerschein?

1. Alternative Verteidigungsstrategien

a) Schutzbehauptungen

Es gibt zahlreiche so genannte Schutzbehauptungen, die je nach Lage der Dinge sinnvoll sind oder nicht. So gibt es Schutzbehauptungen, die unter Umständen und/oder häufig nicht widerlegbar sind; es gibt aber auch Schutzbehauptungen, die bereits beim so genannten ersten Hingucken zerplatzen wie eine Seifenblase und einen äußerst faden Nachgeschmack bei dem den Sachverhalt zu beurteilenden Verantwortlichen hinterlassen. Im Folgenden sollen die Schutzbehauptungen erörtert und erläutert werden.

Ich war's nicht (OWi)

Es ist richtig in Mode gekommen, dass man auf einen Anhörungsbogen, den man hin und wieder von den Bußgeldstellen der jeweiligen Länder oder Landkreise erhält, irgend jemanden als Fahrer benennt, von dem man denkt, dass er noch ein paar Punkte verkraften kann. Begünstigt hat diese Modeerscheinung sicherlich auch der Umstand, dass es nicht als Straftat im Sinne des § 146 StGB gesehen wird, wenn man einen falschen Ordnungswidrigkeitensünder benennt.

(1) Zeitliche Abfolge

Die Verteidigung mit dem Argument »Ich war es nicht« macht natürlich nur dann Sinn, wenn auch die geltenden Fristen beachtet werden. Grundsätzlich und über den Daumen gepeilt gilt:

- Gegen den Täter muss innerhalb von drei Monaten ermittelt werden, sonst hat die Bußgeldbehörde Pech gehabt, und man kann mit Erfolg die Einrede der Verjährung erheben.
- Innerhalb von sechs Monaten muss ein Bußgeldbescheid zugestellt worden sein, sonst gilt Gleiches: Man ist aus dem Schneider!

In der Regel ist es jedoch so, dass der Fahrer mit dem Halter identisch ist. Es ist also nicht verwunderlich, wenn der Fahrer **und** Halter als Personalunion zunächst einen Anhörungsbogen bekommt. Wenn der Fahrer und Halter diesen unbeantwortet lässt, ergeht ein Bußgeldbescheid.

(2) Rechtliche Konsequenzen

Der Bußgeldbescheid bildet den vorläufigen Abschluss, wenn nicht Einspruch eingelegt wird. Einspruch einlegen kann man immer. Man kann auch den Einspruch immer zurücknehmen – zumindest bis zur mündlichen Verhandlung. Dann ist es meistens so – dies als Tipp aus der Praxis –, dass jeder Richter froh ist, wenn der Einspruch wieder zurückgenommen wird. Dies bedeutet für den Richter nämlich, dass er kein Urteil schreiben muss.

Wenn Sie sich zwischen dem Anhörungsbogen und dem Bußgeldbescheid mit dem Argument zunächst verteidigt hatten: »Ich war es nicht«, und der Bußgeldbescheid gegen denjenigen ergangen ist, den Sie da (fälschlicherweise) benannt haben, dann steigen Ihre Chancen sprunghaft, mit einem blauen

Auge oder gar heiler Haut aus der Angelegenheit herauszukommen.

Wenn es Ihnen nämlich gelingt, das Verfahren so lange herauszuzögern, bis Ihnen nach der Tat beziehungsweise nach dem letzten Ermittlungsansatz der Behörde kein neues Schreiben oder gar ein Bußgeldbescheid zugegangen ist, besteht für Sie die Möglichkeit, nach Ablauf von sechs Monaten sich zu outen, und die Sache ist erledigt.

(3) Finanzielle Auswirkungen

Die finanziellen Auswirkungen sind überschaubar: Sie haben gegebenenfalls die Kosten des Verfahrens zu tragen – für denjenigen, der um Punkte kämpft, sicherlich das geringste Problem. Wenn Sie sich erst in der mündlichen Verhandlung outen als derjenige, der Fahrer gewesen ist, laufen Sie Gefahr, dass Sie oder Ihr »Freund« die Kosten des Verfahrens zu tragen haben. In der Regel entstehen Anwaltskosten zwischen 500 und 700 Euro für die Teilnahme am Verfahren. Dies ist zu bedenken, wenn man sich überlegt, für welche Verteidigungsstrategie man sich entscheidet.

Nachtrunk

Samstagmittag: Das Handy klingelt. Am Telefon ist ein völlig aufgeregter Robby L., seines Zeichens Handwerksmeister in einer Kleinstadt (für den juristisch sorgfältigen Leser sei darauf hingewiesen, dass mich Robby L. von der anwaltlichen Verschwiegenheitsverpflichtung entbunden hat). Er teilt mir mit, dass die Polizei bei ihm ist. Außerdem teilt er mir mit, dass behauptet wird, er sei betrunken Auto gefahren und vor der Polizei geflüchtet.

Er bat mich, sofort vorbeizukommen, und wollte von mir

noch wissen, ob er »flitzen« gehen solle. Ich rate ihm natürlich davon ab, nachdem er mir beschrieben hat, dass vor dem Haus und im Haus bereits Polizeibeamte stehen, die ihn bereits aufgefordert hatten, einer Blutprobe nachzukommen beziehungsweise zu »pusten«.

Ich habe zunächst Herrn Robby L. darüber aufgeklärt, dass er nicht verpflichtet werden kann, bei der Sachverhaltsaufklärung mitzuwirken, dass er demgemäß nicht verpflichtet ist zu »pusten«.

Robby L. insistierte aber weiter und verlangte, dass ich sofort vorbeikomme.

Gesagt, getan. Bei dem Mandanten angekommen, stellte sich die Situation tatsächlich dar, wie Robby L. mir dies mitgeteilt hatte: Vor dem Haus standen zwei Polizeifahrzeuge und ein Polizeibeamter, der das Geschehen – soweit ihm das möglich war – observierte; die weiteren Polizeibeamten befanden sich in den Geschäftsräumen. Ich fragte, ob ich mit meinem Mandanten ungestört sprechen könnte, was mir gegenüber bejaht wurde. In dem sich sodann anschließenden Gespräch teilte ich Herrn L. nach der abgeklärten Honorarsituation mit, dass er notfalls unter Anwendung von brachialer Gewalt zur Abgabe von Blut gezwungen werden kann. Herr L. teilte mir sodann mit, dass er aber nachgetrunken habe.

Seine Nachtrunkbehauptung wusste er mit einer im Sozialraum abgestellten, im dortigen Papierkorb sich noch befindlichen Wodkaflasche zu untermauern. Ich erklärte Herrn L. noch kurz, was eigentümlich ist an der Nachtrunksituation, und teilte daraufhin den Polizeibeamten mit, dass mein Mandant sich nunmehr entgegen vorheriger Erklärung doch widerstandslos der Blutprobe beugen werde. Ich hatte allerdings den Polizeibeamten weitergehend erklärt, dass mein Mandant mir gegenüber den Nachtrunk behauptet habe.

Gemeinsam mit den Polizeibeamten ging Herr L. zum Sozialraum, zeigte den Polizeibeamten dort die im Papierkorb befindliche und geleerte Wodkaflasche und fuhr schließlich zähneknirschend mit aufs Polizeirevier zur Blutprobe. Nach der Durchführung wurde der Führerschein wieder ausgehändigt, da ihm – zumindest zum damaligen Zeitpunkt – die Nachtrunkbehauptung zunächst nicht widerlegt werden konnte.

Im weiteren Verfahren hatte sich Herr L. dahin gehend weiter festgelegt, dass er mehrere große Schlucke Wodka aus der Flasche unmittelbar getrunken habe, nachdem er in seinem Betrieb angekommen sei. Hintergrund der ganzen Aktion war nämlich eine von ihm geführte Flucht vor der Polizei, weil er durch eine Straßensperre gefahren sei, dies wiederum deshalb, weil er in einer kleinen Gaststätte an einem Frühschoppen teilgenommen hatte.

In der anschließenden Verhandlung wurde die Nachtrunkbehauptung allerdings zerpflückt, und es schloss sich noch ein weiteres Strafverfahren an, welches äußerst unerquicklich war und eigens und genügend Stoff bieten würde, ein weiteres Buch damit zu füllen.

Gewarnt werden kann daher nur vor einer unwahren Nachtrunkbehauptung, da durch medizinische Sachverständige häufig das Gegenteil bewiesen werden kann. Noch mehr gewarnt werden kann auch davor, noch andere und unbeteiligte Personen als Zeugen in das Verfahren mit hineinzuziehen. So wurde gegen den Mitarbeiter von Herrn L. ein Strafverfahren eröffnet und dieser – allerdings unter schillernden Umständen – durch einen anderen Anwalt verteidigt und durch das Amtsgericht verurteilt.

Was lernen wir daraus? Wie wir bereits wissen oder zumindest ahnen, lässt sich der aufgenommene Alkohol nicht nur mengenmäßig und promillemäßig bestimmen, sondern es lässt sich auch die Art des aufgenommenen Alkohols ermitteln. Kaum mit Erfolg wird sich jemand, der den gesamten Abend Rotwein getrunken hat, mit der Nachtrunkbehauptung verteidigen können, er habe mehrere Schlucke Weinbrand nach der Tat beziehungsweise bei Erreichen der heimischen Gefilde konsumiert. Durch die so genannte Begleitstoffanalyse wird in der Regel eine Überführung möglich sein.

Zu wissen ist in diesem Zusammenhang, dass lediglich Wodka begleitstofffrei beziehungsweise begleitstoffarm ist und dass die Widerlegung der Nachtrunkbehauptung insoweit wesentlich erschwert wird.

Des Weiteren wird für den Fall der Nachtrunkbehauptung regelmäßig durch die Polizei eine zweite Blutentnahme angeordnet. Mit dieser zweiten Blutentnahme soll bestätigt oder widerlegt werden, ob der behauptete Nachtrunk tatsächlich stattgefunden hat.

Schwierig ist natürlich weitergehend die Problematik, wenn zwischen Blutprobe und letzter Alkoholaufnahme weniger als 20 Minuten liegen.

Auch hier möchte ich ganz klar formulieren: Ich kann keinem zu einer Falschaussage raten, wenngleich auch jeder Straftäter das verfassungsmäßig verbriefte Recht für sich in Anspruch nehmen kann zu schwindeln.

Ich warne jedoch davor, dieses verfassungsmäßige Recht überzustrapazieren, da Richter in Deutschland für sich in Anspruch nehmen können, keine Idioten zu sein.

So durfte im Fall des Herrn L. die geschwindelte Nachtrunkbehauptung zwar nicht zu seinen Lasten gewertet werden; es sprach im Zusammenhang des Verfahrens aber auch nichts für ihn. Und dass man der frei erfundenen Nachtrunkbehauptung auf die Schliche kam, lag in der Natur der Sache: Im Falle des Nachtrunks ist von einem völlig anderen Abbauwert auszugehen, als wenn das Ende des Alkoholtrinkens längere Zeit zurückliegt.

So ist dies auch bei Herrn L. geschehen, und ein medizinischer Sachverständiger hat seine Argumentation »in der Luft zerpflückt«.

Da aber bekanntlich des Menschen Wille sein Himmelreich ist und ich Herrn L. darüber aufgeklärt habe, dass eine Nachtrunkbehauptung ihm nicht unbedingt per se das Heil bringen würde, wird vor Nachahmern gewarnt. Klar ist doch – dies wird auch jedem medizinischen und juristischen Laien einsichtig sein –, dass der Alkoholpegel nach einem Nachtrunk im Falle der zweiten Messung noch etwas höher ist als bei der ersten Messung. Da Alkohol nicht sofort ins Blut übergeht, ist nach der Anflutungsphase im Falle der zweiten Messung bei tatsächlichem Nachtrunk ein höherer Wert zu erwarten als bei der ersten Messung.

All diejenigen, die sich auf Nachtrunk berufen wollen, sollten dies bedenken!

Insbesondere sollten Sie sich nicht darauf versteifen zu glauben, Sie könnten mit Nachtrunk die ganze Geschichte retten. Ein plötzlicher Sturztrunk würde nämlich in der Mehrzahl der Fälle zu einer plötzlichen Bewusstlosigkeit führen, wenigstens aber zu einem erheblichen Erbrechen.

b) Anträge beziehungsweise Beweisanträge

Der Gang eines normalen Strafverfahrens eröffnet dem Alkoholtäter die Möglichkeit, Entlastungsbeweisanträge in jede Lage des Verfahrens zu stellen. So kann bereits vorterminlich der Täter Beweiserhebung für für ihn günstigere Tatsachen beantragen. In der Regel werden Sie sich sicherlich anwaltlich vertreten lassen, und Ihr Anwalt wird schon wissen, welche Anträge wann sinnvollerweise zu stellen sind. Aber auch noch im gerichtlichen Verfahren können Sie ohne Not und jederzeit beantragen, dass über das, was für Sie eine günstige Tatsache ist, Beweis erhoben wird.

Ich habe mir erlaubt, eine solche Antragssituation an späterer Stelle näher zu beleuchten. Nur, hier schon jetzt so viel: Sie können durchaus noch in der mündlichen Verhandlung den Führerschein wieder erhalten, wenn Sie in geeigneter Weise Ihre nicht mehr vorhandene Nichteignung unter Beweis stellen können. Dazu bedarf es natürlich erheblicher »Klimmzüge«, aber ich gehe davon aus, dass Sie »sportlich« sind.

Scheuen Sie sich nicht, mit Ihrem Anwalt die Möglichkeit des von mir vorbereiteten Beweisantrags zu besprechen. Immerhin würde es Ihnen erspart bleiben, dass Ihnen der Führerschein entzogen wird.

Des Weiteren könnten Sie darüber nachdenken, für den unausweichlichen und drohenden Führerscheinverlust gegebenenfalls eine isolierte Sperre und eine Befreiung von der Sperre für bestimmte Klassen (Traktor etc.) zu beantragen!

Beispiel: Sie sind mit einem Privat-Pkw unterwegs gewesen und haben nächtens gesündigt: Mit satten 1,4 Promille im Blut sind Sie von einem lächelnden Polizeibeamten angetroffen worden, der überaus großes Verständnis dafür hatte, dass Sie mit Ihren Freunden den Urlaub gebührend begrüßen wollten, der relativ unnachsichtig allerdings dann war, als es darum ging, diesen Umstand zu bewerten. Hier bietet sich unter Umständen die Möglichkeit für Sie als Fahrer eines Möbeltransporters, eine so genannte isolierte Sperre zu beantragen. Ihr umsichtiger Anwalt hat sicherlich schon daran gedacht beziehungsweise wird daran denken, wenn Sie ihn daran erinnern.

2. Fehlerhafte Messverfahren

a) Alcotest

Es hat sich nichts daran geändert, dass die Messung mit dem Handpustegerät kein verlässliches Instrument ist und auch keinesfalls ausreichend für eine Verurteilung.

Anders verhält es sich mit dem Alcotest 7110 Evidential. Hier hat der Bundesgerichtshof abschließend entschieden: Die Messung ist genau! Insbesondere kann sie für eine Verurteilung verwertet werden.

Aber auch hier können sich Fehler einschleichen. So wurde durch das Oberlandesgericht Karlsruhe am 5. Mai 2006 entschieden, dass eine Bedienung, die am 13. Februar 2005 gegen 7.20 Uhr mit ihrem Pkw aus dem Parkplatz der Gaststätte einer Polizeistreife aufgefallen war und nach kurzer Nachfahrt angehalten wurde, gebeten wurde zu pusten. Der um 7.35 Uhr abgenommene erste Messwert ergab eine alkoholische Beeinträchtigung von 0,318 Milligramm pro Liter und die um 7.38 Uhr vorgenommene zweite Messung einen Messwert von 0,309 Milligramm pro Liter in der Atemluft.

Die Bedienkraft gab vor Ort zu Protokoll, sie habe um fünf Uhr das letzte Mal etwas getrunken. In der mündlichen Verhandlung vor dem Amtsgericht behauptete sie jedoch plötzlich, dass sie wenige Minuten vorher noch ein Cola-Bier getrunken habe, und bemängelte die vorgesehene Wartezeit von 20 Minuten zwischen Trinkende und Beginn der ersten Einzelmessung.

Das Oberlandesgericht folgte der Bedienung und hob die für sie nachteilige Entscheidung des Amtsgerichts auf.

Ich möchte nun hier niemanden langweilen und auch nicht die gesamte Entscheidung wiedergeben. Ich weise jedoch darauf hin, dass sie unter folgender Fundstelle abgedruckt ist: NJW 2006, 1988, Beschluss des OLG Karlsruhe vom 5. Mai 2006, Az. 1 Ss 32/06.

Mein Tipp: Reden ist Silber, Schweigen ist Gold.

b) Haarprobe

In der Praxis wenig bedeutend ist die Haaranalyse. In aufregenden Fällen wir bei Herrn Daum mag dies unter Beteiligung der interessierten Öffentlichkeit im Ausnahmefall stattfinden. In der alltäglichen Praxis spielt jedoch die Haaranalyse eine eher untergeordnete Rolle, wenngleich auch selbige geeignet ist, den Nachweis über einen Betäubungsmittelkonsum zu führen, der allerdings schon etwas länger zurückliegt und von einer gewissen Erheblichkeit gewesen ist. Das Prinzip ist ganz einfach: Die Wirkstoffe der Drogen gelangen über das Blut bis hin zu den Haarwurzeln, wachsen dann und wachsen und wachsen. Dies bringt für besondere Härtefälle natürlich das Problem mit sich, dass anhand der Haare auch der Verlauf eines Drogenkonsums relativ exakt bestimmt werden kann.

Da die Haaranalyse jedoch nicht für einen aktuellen Konsum geeignet ist (die Substanzen werden erst innerhalb eines Zeitraums von drei bis vier Wochen im Haar nachweisbar sein), spielt dieser Test in der Praxis eine eher untergeordnete Rolle.

c) Urintest

Der Urintest wird weniger zur Ermittlung einer Blutalkoholkonzentration, sondern vielmehr und überwiegend zum Nachweis von aufgenommenen Drogen angewandt.

Tatsache ist, dass im Harn häufig höhere Konzentrationen vorhanden sind als im Blut. Jedenfalls können Drogen im Harn erheblich länger nachgewiesen werden. Ein weiteres Problem für den Betesteten ist, dass auch die Stoffwechselprodukte, die so genannten Metaboliden, nachgewiesen werden können.

So wird Methamphetamin »zersetzt« zu Amphetamin.

Auch hier soll sogleich beantwortet werden, wie lange der Nachweis möglich ist:

- Amphetamin: zwei bis drei Tage
- Cannaboide: 24 bis 36 Stunden bei einmaligem Konsum, zirka fünf Tage bei regelmäßigem Konsum (mehrfach in der Woche), zirka zehn bis zwölf Tage bei täglichem Konsum, zirka 20 Tage bei erheblichem täglichem Konsum
- Opiate: zirka zwei bis drei Tage
- Methadon: zirka drei Tage
- Kokain: zwei bis vier Tage

d) Blutprobe

Im Folgenden ist zu unterscheiden zwischen der Blutprobe im Zusammenhang mit der Feststellung der Blutalkoholkonzentration und der Blutprobe zum Zweck der Ermittlung von Drogenkonsum.

Die Unterschiede:

Blutprobe zur Ermittlung der Blutalkoholkonzentration (BAK)

Hier sind tatsächlich zahlreiche Fehler möglich! Bitte passen Sie also genau auf und erinnern Sie sich genau, wie es bei Ihnen gewesen ist.

Zunächst geht alles damit los, dass dem Grunde nach nur ein Arzt die Blutprobe entnehmen darf. Weder darf das eine Schwester tun noch ein Pfleger, noch ist es erlaubt, dass eine sonstige rettungstechnische Hilfsperson dies vornimmt. In der Krankenhauspraxis wird regelmäßig ein Alkoholtupfer genommen, um die Blutentnahmestelle zu säubern. Dass dies zu eklatanten Verzerrungen führen könnte, liegt auf der Hand. Deshalb ist vorgegeben, dass die Desinfektion mit entsprechenden Präparaten vorgenommen wird (zumeist Oxyzianat).

Des Weiteren ist es erforderlich, dass die Blutprobe nicht durcheinander geworfen wird. Immerhin gibt es tatsächlich Fälle, in denen die Blutproben miteinander verwechselt worden sind. Dieser eher zu vernachlässigende Umstand soll aber nicht weiter erörtert werden.

Wichtig ist zu wissen, dass im Rahmen der Blutprobe nicht nur die Alkoholkonzentration als solche bestimmt werden kann. Es besteht im Weiteren sogar darüber hinaus die Möglichkeit, eine so genannte Begleitstoffanalyse vorzunehmen.

Zur eigentlichen Blutprobe zurück: Diese wird in einem doppelten Verfahren getestet. Dabei sind zwei Verfahren gängig:

- Head-Space-Verfahren
- Gaschromatografische Verfahren

Beide Tests werden regelmäßig parallel durchgeführt und führen zu einem Abgleich. Es wird sodann ein arithmetisches Mittel der Blutalkoholkonzentration gebildet.

Die heutzutage für Tests zugelassene Institute nehmen regelmäßig an so genannten Ringversuchen teil, um dabei auch die eigene Zuverlässigkeit der Messung im Rahmen einer Selbstkontrolle zu überprüfen.

Fehler bei dieser Betestung sind mithin so gut wie ausgeschlossen.

Blutprobe zur Ermittlung des Drogenkonsums

Eine Blutprobe zeigt die toxikologische Beeinflussung des Betesteten zur Tatzeit. Der Herausgeber des Kommentars zum Betäubungsmittelgesetz vertritt auch die Auffassung, dass eine Blutprobe hierzu besser geeignet sei als eine Urinprobe. Eine Blutprobe zur Feststellung kommt vor allem dann infrage, wenn unmittelbar nach der Tat eine Betestung stattfinden kann. Ziel und Zweck dieser Maßnahme ist es zu erfahren, zum einen welche Mengen und zum anderen welche Wirkstoffe aufgenommen worden sind.

Eine mir sehr häufig gestellte bange Frage ist: »Wie lange kann man mir denn nachweisen, dass ich einen Joint geraucht habe?«

Da dieser Frage generelle Bedeutung zukommt, hier kurz und knapp die entsprechenden Werte:

Amphetamine:	etwa sechs Stunden
Cannabis:	etwa zwölf Stunden
Heroin:	etwa zwölf Stunden
Kokain:	etwa sechs Stunden

(Quelle: Schütz/Weiler, Kriminalstatistik 1999, S. 755 [756])

e) Drugwipetest

Bei nächtlichen Kontrollen durch Polizeibeamte ist der so genannte Drugwipetest (Drugwipe®II) nicht mehr wegzudenken. Die Polizeiführung erhofft sich, dass sie bei der Verdachtsgewinnung sich nicht nur auf die Wahrnehmung von Beamten stützen muss (reagiert die Pupille schnell oder nicht), sondern dass sie sich auch auf objektivierbare Informationen stützen kann. Die Herstellerfirma Securetec aus Ottobrunn bei München gibt hierzu an, dass sich mit dem Drugwipe®II in kürzester Zeit Drogen in Körperflüssigkeiten (Speichel, Schweiß) oder auf Oberflächen nachweisen lassen.

Der Drugewipe®II sei als Drogenschnelltest geeignet für

- Opiate,
- Kokain,
- Amphetamine und Methamphetamine (Ecstasy),
- Cannabis sowie
- Benzodiazepine.

Als Verwendungszweck wird angegeben: Drugwipe®II wurde zum Nachweis von unsichtbaren Spuren dieser Drogen im Nanogrammbereich entwickelt.

Im Weiteren wird behauptet, dass sich der Test durch einfachste Handhabung auszeichne (vgl. hierzu die Internetseite www.securetec.net/cms/font_content.php?idcat=36&lang=1&client=1).

So weit die Angaben von Securetec. Die Erfahrungen haben allerdings gezeigt, dass die Drugwipetests tatsächlich nicht mehr sein können als ein Mittel der Verdachtserhärtung, mithin nur ein Vortest.

Ich gehe daher davon aus, dass niemand sich einer Entscheidung beugen wird, die sich nur auf die Betestung mittels Drugwipe stützt.

In einer Untersuchung des Instituts für Rechtsmedizin des

Klinikums der Universität Köln wurden insgesamt 336 Blutproben mit Fluoridzusatz und bekannt gegebenen Drugwipe®II-Ergebnissen untersucht.

Man kam zu erschreckenden Ergebnissen: »Hinsichtlich Kokain wurden häufig (in 23 von 52 Fällen) mit dem Drugwipe®II falsch-negative Resultate erhalten ... Bei Amphetaminen wurden nur die Methylendioxyamphetamine zuverlässig erfasst, nicht jedoch Amphetamin. Andererseits traten bei den Amphetaminen viele falsch-positive Drugwipe®II-Ergebnisse auf. Dies war auch bei Cannabis der Fall. Die vorliegenden Untersuchungsergebnisse lassen es als nicht sachgerecht erscheinen, Untersuchungsaufträge auf die beim Vortest positiven Parameter zu beschränken. Für derartig gezielte Untersuchungen reichen Sensitivität und Spezifität von Drugwipe®II nicht aus.« (So auszugsweise und wörtlich Käferstein/Falk/Rothschild, Erfahrungen beim Drogenscreening durch Polizeibeamte mit Drugewipe®II und chemisch-toxigologische Untersuchung von Blutproben in Blutalkohol, Heft 1, Januar 2006, S. 1 ff., insbesondere S. 6 und 7.)

Zusammenfassend kommt daher das Wissenschaftlerteam des Rechtsmedizinischen Instituts der Universität Köln zu dem Schluss: »Drugwipe®II ist allerdings in der Anwendung vor Ort durch Polizeibeamte bislang nicht ausreichend sensitiv und spezifisch hinsichtlich Kokain, Amphetaminen und Cannabis. Bei Amphetaminen wurden nur die Methylendioxyamphetamine zuverlässig erfasst, nicht jedoch Amphetamin.«

Aufgeräumt werden soll an dieser Stelle auch mit dem weit verbreiteten Irrglauben, in Schweiß könne ein Drogenkonsum nicht nachgewiesen werden (vgl.www.forum.jurathek.de/archive/index.php/t-4211.html). Richtig ist: Im Schweiß können Drogen festgestellt werden, wobei hierzu Pflaster und Wischtests (»drug wipe«) verwendet werden. (So auch Weber, Kommentar zum BtMG, 2. Auflage, § 1 Randnummer 82.)

Es bleibt daher dabei, dass aufgrund eines Drugwipetests alleine niemand verurteilt wird.

Anders mag das vielleicht noch im Wehrstrafgesetz aussehen. Nach der dort vertretenen Auffassung ist tatsächlich Folgendes möglich: »Geschulte Feldjäger können mit Hilfe eines visuellen Drogenvaluations- und Klassifizierungsprogrammes Anhaltspunkte für eine Drogenaufnahme erhärten. Mit einem Wischtest (Drugwipe) kann der Umgang mit Drogen ohne Verletzung des § 17 Abs. 4 S. 3 FG nachgewiesen werden.« (So wörtlich Johannes Heinen, Unterstützung von Disziplinarermittlungen durch Feldjäger, Deutsches Wehrrecht 2000, S. 133, 134 in Verbindung mit in Fußnote 7 auf »Die Polizei«, 1997, S. 27 ff.)

3. Aktive Mitarbeit

Immer wieder bin ich überrascht, dass sich Mandanten, die ich auf die MPU vorbereite, erstaunt zeigen, wenn ich nach Volumenprozenten von bestimmten Getränken frage oder mich gar erdreiste, wissen zu wollen, wie viel Gramm Alkohol denn in einem Glas Schnaps oder einer Flasche Bier stecken. Stets habe ich nicht unerhebliche Mühe, den Mandanten klarzumachen, dass es auch nicht schlecht ist, wenn man mit der so genannten *Widmark-Formel* etwas anfangen kann.

Wie will ich zukünftig eine sinnlose Vermeidungsstrategie entwickeln beziehungsweise leben, wenn ich tatsächlich mein eigenes Verhalten nicht auch zutreffend überprüfen kann?

Stellen Sie sich vor, Sie versuchten Ihrem MPU-Prüfer zu erklären, dass Sie zukünftig nur noch dosiert trinken, dass Sie das auch ganz plausibel und vernünftig begründen können, Sie in Zukunft also nur noch den maximal erlaubten Wert oder besser noch ein klein bisschen weniger konsumieren, wenn Sie Auto fahren müssen.

Woher wollen Sie also wissen, wann Sie »genug haben«, wenn Sie nicht tatsächlich auch wissen, wie viel Gramm Alkohol in welchem Getränk steckt?

Darüber hinaus wollen wir uns hier damit beschäftigen, in

welchen Zeiträumen welche Mengen Alkohol abgebaut werden.

Dass Sie etwas verändern müssen, ist Ihnen wohl schon klar. Dieses »tun« und nicht nur auf das mehr oder weniger lieblose oder halbherzige Lesen zurückgreifen, nein, Sie sind gefordert! Sie müssen aktiv werden, Sie müssen handeln!

a) Sofortige Abstinenz

Wie ist das mit den Drogen?

Für den Fall, dass Sie wegen Drogenkonsums zur MPU müssen, gilt auf jeden Fall: absolute Abstinenz. Sie müssen hundertprozentig clean sei. Selbst wenn Sie meinen, einen kontrollierten Umgang mit Drogen praktizieren zu können, empfehle ich dringend, zumindest für die Zeit bis zur MPU, die absolute Abstinenz. Sie wirken überzeugend und halten es auch besser durch, wenn Sie tatsächlich in der Lage sind, Ihren Drogenkonsum – selbst wenn es nur Haschisch oder Marihuana ist – insoweit zu kontrollieren, dass Sie wenigstens bis zur erfolgreich bestandenen medizinisch-psychologischen Untersuchung komplett abstinent sind. Wenn Sie dieses Buch wegen einer MPU-Drogenproblematik gekauft haben, brauche ich Ihnen wohl nicht zu erklären, dass es harte und weiche Drogen gibt. Ich brauche Ihnen auch nicht zu erklären, welcher Unterschied zwischen dem Konsum von Haschisch und dem Konsum von Ecstasy besteht.

In dem sehr bekannten Buch »Der Testknacker« wird ausgeführt: »Eine Fahrt unter Drogeneinfluss ist also grundsätzlich mit Strafe bedroht, wobei ›Drogeneinfluss‹ in der Rechtspraxis schlicht bedeutet, dass bei einem Kraftfahrer für den Zeitpunkt der Fahrt in Blutspuren Drogen nachweisbar sind.« (So Theodor Rieh/Wagenpfeil, Der Testknacker bei Führerscheinverlust, S. 199.)

Diese Behauptung ist leider falsch. Es zeigt mir aber, dass es umso mehr geboten ist, Ihnen trotz anders lautender Rechtsprechung nahe zu legen, den Konsum von Drogen auf null zu stellen.

Wie ist das aber mit dem Alkohol?

Grundsätzlich empfehle ich Ihnen mindestens für die Dauer bis zur MPU eine völlige Abstinenz und danach eine weitergehende Abstinenz, mindestens aber eine vernünftige Strategie für den Umgang mit Alkohol.

Es ist nicht zwingend notwendig, dass Sie vollständig abstinent sind, wenn Sie als »gelegentlicher Trinker« zur MPU müssen.

Mancher Prüfer wird es im Gegenteil als befremdend empfinden, wenn ihm der MPU-Kandidat erklärt, er würde jetzt absolut abstinent leben, ihm aber im gleichen Atemzug erklärt, dass er früher gerne Alkohol getrunken hat.

Hier liegt ein Problem! Auf der einen Seite haben Sie gerne Alkohol getrunken und haben hierin kein Problem gesehen. Jetzt trinken Sie, obschon Sie angeblich kein Problem damit hatten, gar keinen Alkohol mehr? Hier muss eine vernünftige und stimmige Erklärung vorgebracht werden, um den Prüfer damit auch überzeugen zu können.

Es macht definitiv keinen Sinn, irgend etwas zu behaupten, was nicht den Tatsachen entspricht; dazu später mehr.

Wenn Sie sich allerdings entschließen können, bis zur Begutachtung keinerlei Alkohol zu sich zu nehmen, haben Sie einen riesigen Schritt getan – nicht nur, um Ihren Führerschein wieder zu bekommen, sondern für sich und Ihre Gesundheit.

Alkohol ist zwar als sozial adäquate Droge akzeptiert und in der Allgemeinheit durchaus anerkannt; die schädlichen Wirkungen werden jedoch regelmäßig verharmlost.

b) Regelmäßige Kontrolle der Leberwerte

Sie sind außerdem und weitergehend gefragt. Sofern Sie wegen Alkohols im Straßenverkehr belangt wurden, dann empfiehlt es sich für Sie, regelmäßig (mindestens alle zwei Monate) Ihre Leberwerte durch den Hausarzt testen zu lassen. Die Unterlagen heben Sie bitte sorgfältig auf und bringen diese sodann zur medizinisch-psychologischen Begutachtung mit.

c) Seminare und Kurse von Suchthilfegruppen und Psychologen sowie psychologischen Beratungsstellen

Falls Sie immer noch denken, dass Sie kein Problem mit Alkohol haben und Sie einfach nur mal erwischt worden sind, weil es einfach »dumm gelaufen ist«, dann ist dieses Kapitel jetzt für Sie besonders geeignet. Wenn Sie also kein Problem mit Alkohol haben, dann frage ich mich, warum Sie sich dieses Buch gekauft haben. Sofern Sie die Auffassung vertreten, dass Sie in einer Alkoholikergruppe nichts zu tun haben, und Sie mit diesen »Sprittis« nicht zusammensitzen wollen, dann kann ich das nachvollziehen. Interessant ist die Teilnahme an einem derartigen Seminar einer Suchthilfegruppe aber allemal. Sie lernen andere Lebensschicksale kennen und erfahren möglicherweise in drastischer Weise, was Alkohol aus einem Menschen machen kann, wie er ihn formen, ja verformen kann.

Die Selbsthilfegruppen entfalten nicht selten eine unglaubliche Dynamik, und so mancher Mandant hat mir nach anfänglicher erheblicher Skepsis schließlich mitgeteilt, dass er die Teilnahme dort als Bereicherung für sich erfahren hat und dass er einiges mitgenommen hat.

Effektiv ist natürlich – je nach Geldbeutel – auch eine Individualberatung bei einem geschulten Psychologen. In diesen psychologischen Beratungsstunden wird ganz maßgeschneidert auf Sie ein psychotherapeutisches Beratungsgespräch geführt, und Sie erhalten hier die Möglichkeit, sich zu offenbaren, letztendlich auch, sich coachen zu lassen. Ich empfehle deshalb diese Teilnahme, weil es in der vielgliedrigen MPU-Begutachtung spätestens im psychologischen Beratungsgespräch zu der Frage kommt, wie Sie zukünftig vermeiden wollen, mit Alkohol im Straßenverkehr angetroffen zu werden. Es ist definitiv nicht ausreichend, wenn Sie platt behaupten, nichts mehr zu trinken oder alles im Griff zu haben. Der Psychologe wird von Ihnen so genannte Vermeidungsstrategien hören wollen und solche Strategien, die Sie ihm schildern, auch hinterfragen. Da empfiehlt es sich jedenfalls nach meinem Dafürhalten, dies bereits vorher noch einmal mit einem geschulten Psychologen durchgesprochen zu haben.

Nochmals an dieser Stelle sei ausdrücklich davor gewarnt, die todsicheren, hundertprozentigen Erfolgsquoten der mit dicken Balken, teilweise auch mit 0190er- oder 0900er-Nummern werbenden Fachleute in Hochglanzzeitschriften erst zu nehmen.

Ich habe noch nie irgend jemanden kennen gelernt, der aufgrund dieser garantiert sicheren MPU-Kurse den Test tatsächlich bestanden hat. Da Sie nicht dem Irrtum erliegen sollten, durch die Investition von Geld oder lediglich Zeit die Angelegenheit in den Griff zu kriegen, ist tatsächlich eine intellektuelle Auseinandersetzung mit der Materie erforderlich. Sie müssen bereit sein und offen für die Diskussion um das Problem Alkohol. Sofern Sie bereit sind, sich selbstkritisch zu prüfen und Ihr Verhalten früher und jetzt gegeneinander abzuwägen, und tatsächlich auch sich selbst Vermeidungsstrategien erarbeitet haben, dann sehe ich gute Chancen für Sie, den MPU-Test mit Erfolg zu bestehen.

IV.

Wie bekomme ich meinen Führerschein schnellstens wieder?

1. Wiederaufnahme des Verfahrens

Der Vollständigkeit halber soll auch die Problematik der Wiederaufnahme des Verfahrens behandelt werden. Denn immerhin ist denkbar, dass Sie sich selbst schlecht verteidigt haben.

Die Wiederaufnahme ist ein lediglich außerordentlicher Rechtsbehelf, um die Rechtskraft im Interesse materieller Einzelfallgerechtigkeit zu durchbrechen (Kleinknecht/Meyer, vor § 359, Randnummern 1 f.; KMR-Paulus vor § 359, Randnummern 10 f.).

Erforderlich ist, dass ein Antrag gestellt wird, der sich auf alle **neue Tatsachen oder Beweismittel** stützen kann, wenn diese nur geeignet sind, allein oder in Verbindung mit den früher erhobenen Beweisen die Freisprechung des Angeklagten oder in Anwendung eines anderen milderen Strafgesetzes eine geringere Bestrafung oder eine wesentlich andere Entscheidung über eine Maßregel der Besserung und Sicherung zu begründen (so Marxen/Tiemann, Die Wiederaufnahme in Strafsachen, I Randnummer 6).

Wichtig dabei ist vor allen Dingen die Neuheit der Beweismittel. Dabei sind die Neuheit von Beweismitteln sowie auch die Neuheit von Tatsachen allein danach zu beurteilen, ob sie bei der Entscheidung vom Gericht berücksichtigt worden sind.

Allein der Umstand, dass Beweismittel in die Hauptverhandlung zum damaligen Zeitpunkt nicht eingeführt worden sind, ist allerdings noch kein Beweis dafür, dass es sich um ein neues Beweismittel handelt.

Ein Zeuge kommt etwa dann als neues Beweismittel in Betracht, wenn er zum damaligen Zeitpunkt in der mündlichen Verhandlung nicht gehört worden ist. Dabei kann die Nichteinvernahme des Zeugen darin begründet sein, dass er die Aussage verweigert oder das Gericht seinen Antrag auf Einvernahme abgelehnt hat oder weil auf die Vernehmung des Zeugen verzichtet worden ist. Oder einfach auch deshalb, weil er nicht geladen oder erreichbar war.

So kann auch ein früherer Mitangeklagter plötzlich »neues Beweismittel« sein, wenn er nunmehr als Zeuge vernommen werden kann.

Das Gleiche gilt für Sachverständige.

Da die Praxis der Wiederaufnahmeverfahren jedoch ein umfangreiches und weites Feld ist, soll hier nur eine Anregung dafür gegeben werden, dies mit Ihrem Anwalt zu besprechen. Denn den werden Sie hier definitiv benötigen.

2. Antrag auf vorzeitige Sperrzeitverkürzung

So mancher hat sich schon vom Saulus zum Paulus verwandelt. Warum sollte das nach über 2000-jähriger Tradition nicht auch heute noch möglich sein? Wenn Sie nach anfänglicher »Unsicherheit« in der mündlichen Verhandlung das Gericht nicht davon überzeugen konnten, zum Führen von Kraftfahrzeugen »nicht ungeeignet« zu sein, so kann sich dieser Zustand doch kurze Zeit später geändert haben. Wenn Sie zum Zeitpunkt der mündlichen Verhandlung möglicherweise tatsächlich noch nicht geeignet waren, so kann dies doch nach den zahlreichen Besuchen, die Sie bei Psychologen und Suchtberatungsgruppen absolviert haben, und nach den aktuellen Leberwerten, die Sie nachweisen können, nunmehr durchaus anders aussehen. Tatsächlich ergibt sich aus § 69 a StGB, dass Sie einen Antrag auf vorzeitige Sperrzeitverkürzung stellen können bei dem Gericht, welches für die Entziehung zuständig gewesen ist. Dies ergibt sich wiederum aus §§ 463 Absatz 5, 462 und 462 a StPO.

§ 69 a Absatz 7 StGB ist eine für Sie ganz wichtige Vorschrift. Ich zitiere sie deshalb im Wortlaut: *»Ergibt sich Grund zu der Annahme, dass der Täter zum Führen von Kraftfahrzeugen nicht mehr ungeeignet ist, so kann das Gericht die Sperre vorzeitig aufheben. Die Aufhebung ist frühestens zulässig, wenn die Sperre drei Monate, in den Fällen des Abs. 3 ein Jahr gedauert hat …«* (so wörtlich § 69 a Absatz 7 StGB).

Sie sehen, es gibt also auch legale Möglichkeiten, die vom Gericht verhängte Sperre vorzeitig abzukürzen. Auch eine für immer angeordnete Sperre kann nach dieser Vorschrift aufgehoben werden. Dies hat das OLG Düsseldorf entschieden (OLG Düsseldorf VRS 63, 273).

Erforderlich ist aber, dass **neue Tatsachen** vorliegen, die das Gericht bei einer Prüfung veranlassen könnte, den Täter tatsächlich zum Führen von Kraftfahrzeugen als nicht mehr ungeeignet anzusehen. Aus den neuen Tatsachen muss sich also ergeben, dass die vormals festgestellten Einigungsmängel jetzt nicht mehr bestehen.

Dabei ist es selbstredend nicht ausreichend, dass Sie vortragen, Sie hätten nun schon seit einem halben Jahr den Führerschein nicht mehr, und das wäre ganz schön lange. Es ist auch nicht ausreichend, dass Sie sagen, dass Sie durch diese lang andauernde Führerscheinsperre berufliche Probleme haben. Dies liegt in der Natur der Sache. Als neue Tatsachen kommen alle noch nicht berücksichtigten Umstände in Betracht, die einer Annahme eines noch fortstehenden Einigungsmangels entgegenstehen. Im Zweifel wird die Sperre nicht aufgehoben. Der Grundsatz »in dubio pro reo« gilt hier nicht!

So ist es durchaus empfehlenswert, ja geradezu Voraussetzung, dass Sie einen Nachschulungskurs für alkoholauffällige

Kraftfahrer gemacht haben und/oder Sie in zahlreichen Beratungsstunden mit einem Psychologen die Alkoholproblematik aufgearbeitet und Vermeidungsstrategien entwickelt haben.

Tunlich mag auch sein, dass Sie sich in Suchthilfegruppen einfinden und an diesen teilnehmen, die von der Caritas, Diakonie oder dem Gesundheitsamt angeboten werden.

Es ist weiter zu wissen, dass diese Sperre frühestens nach drei Monaten nach Urteilsverkündung wieder aufgehoben werden kann. Dies bedeutet aber selbstverständlich nicht, dass Sie erst drei Monate warten müssen, bis Sie Ihren Antrag auf vorzeitige Sperrzeitverkürzung stellen!

Mein Tipp: Stellen Sie – wenn Sie denken, dass Ihre Voraussetzungen vorliegen – gegebenenfalls schon einen Monat vor Ablauf der dreimonatigen Mindestfrist den Antrag auf vorzeitige Sperrzeitverkürzung.

Das Landgericht Düsseldorf hat entschieden, dass der Antrag auf vorzeitige Aufhebung der Sperre schon vor Ablauf der Mindestfrist nach § 69 a Absatz 7 Satz 2 StGB gestellt werden kann (so LG Düsseldorf, NJW 66, 897).

Ein Antrag kann folgendermaßen aussehen:

Antrag auf vorzeitige Sperrzeitverkürzung

In dem Strafverfahren
gegen …
Az. 6 Cs 260 Js 7962/05

beantrage ich nunmehr namens und in Vollmacht meines Mandanten, die durch das Urteil des Amtsgerichtes Eilenburg (Az. 6 Cs 260 Js 7962/05) vom 12.05.2005 festgesetzte Sperre für die Wiedererteilung der Fahrerlaubnis vorzeitig aufzuheben.

Begründung:

Das Amtsgericht Eilenburg hat Herrn S. durch Urteil vom 12.05.2005 die Fahrerlaubnis entzogen und eine Sperre für die

Wiedererteilung der Fahrerlaubnis von zwölf Monaten angeordnet. Das Urteil ist seit 12.05.2005 rechtskräftig. Von der Sperrfrist sind inzwischen fast drei Monate verstrichen.

Neue Tatsachen rechtfertigen die vorzeitige Aufhebung der Sperre:

1.

Herr S. hat erfolgreich an einem Nachschulungskurs für alkoholauffällige Kraftfahrer teilgenommen.

Die Bescheinigung über die erfolgreiche Teilnahme am Modell »Leipzig 2000« vom 20.04.2005 ist beigefügt.

2.

Darüber hinaus rechtfertigen folgende weitere neue Tatsachen die Annahme, dass Herr S. zukünftig verantwortungsvoll am Straßenverkehr teilnehmen wird und die dafür erforderliche charakterliche Zuverlässigkeit besitzt:

Bei einer unangekündigten arbeitsmedizinischen Untersuchung der AMD GmbH, Arbeitsmedizinische und Sicherheitstechnische Zentren Duisburg – Niederrhein GmbH, wurde mein Mandant auch auf Alkohol getestet: Das Ergebnis verlief erwartungsgemäß negativ. Die Kopie befindet sich in der Anlage.

Exemplarisch überreiche ich in der Anlage beigeschlossen den Endbefund der Beprobung vom 28.04.2005, die meinem Mandanten sämtliche auffällige Leberwerte, die alkoholbedingt eine Veränderung erfahren würden, als im Normbereich liegend bescheinigt.

Mein Mandant hat durch eine vollständige Abstinenz auch nachhaltige Veränderungen in seinem Umfeld und an sich selbst erlebt.

So beschreibt er sich nunmehr als aktiven und agilen Menschen, der ein erheblich höheres Leistungspotenzial an den Tag legt. Er beschreibt, dass er im Garten plötzlich wieder Arbeiten verrichtet, zu denen er früher nicht gekommen ist, die er auf-

grund seiner mangelnden Leistungsfähigkeit auch nicht verrichten konnte.

Bedingt durch die Teilnahme an dem TÜV-Seminar wurde meinem Mandanten bewusst, welche prägende Wirkung der Alkohol auf ihn hatte; insbesondere sein Verhältnis zum Alkohol hat sich neu ordnen lassen.

So führt der Diplom-Sozialpädagoge und Sozialtherapeut Thomas Schmidt aus:

> *»Herr S. wurde durch die Wissensvermittlung auch die persönliche Unkenntnis und Gedankenlosigkeit bezüglich der Thematik Alkoholkonsum und Teilnahme am Straßenverkehr vor seiner Seminarteilnahme klar.*
>
> *Der erworbene Wissenszuwachs bewirkte beim Klienten eine glaubhafte Sensibilisierung bezüglich des Gefährdungspotenzials der Droge Alkohol.*
>
> *Er hat sein Trinkverhalten grundlegend geändert (…). Es ist auch zu erwarten, dass das Trinken-und-Fahren-Problem vom Teilnehmer erkannt ist. Die Vermeidungsvorsätze sind klar im generellen Trinken und Fahren von Herrn S. formuliert.«*

Die entsprechende Bescheinigung vom 10.05.2005 des Diplom-Sozialpädagogen und Sozialtherapeuten Thomas Schmidt befindet sich in der Anlage.

Durch seine vollständige Abstinenz hat Herr S. ein neues »Lebensgefühl« (Originalzitat S.), welches ihm gut gefällt und welches er weiterhin beibehalten möchte. Auch im privaten Umfeld hat Herr S. mit großem Erstaunen feststellen müssen, welche mangelnde Akzeptanz die Nichtaufnahme von Alkohol im kollektiven Beisammensein erfährt. Er hat dort in nicht unerheblichem Umfang Überzeugungsarbeit leisten müssen, dass als sozial adäquat angesehen wird, dass er auch in geselliger Runde keinen Alkohol mehr zu sich nimmt.

So berichtet Herr S. von geradezu hitzigen Diskussionen, in denen er seine Erfahrungen selbst geschildert hat und versucht hat klarzumachen, welches Risikopotenzial jede einzelne Fahrt darstellt, wenn er mit mehr als zwei Flaschen Bier am Straßenverkehr teilnimmt. So missioniert er (zu Recht) die These, dass der Irrglaube, dass »ein bis zwei Bier am Abend ja noch niemandem geschadet haben könnten« ein Trugschluss ist, der zum Alkoholismus führt. Dem Antragsteller sind die verschiedenen Trinkstufen (Alpha-Trinker bis Delta-Trinker) bewusst.

Durch seine vollständige Abstinenz hat Herr S. als Antragsteller sichergestellt, dass er zukünftig nicht mehr mit Alkohol am Steuer fahren wird.

Herr S. ist Berufskraftfahrer und auf die Fahrerlaubnis angewiesen.

Der Antragsteller würde sich auch mit einer isolierten Sperre einverstanden zeigen können, die nur das Fahren von Pkws untersagt. Die verurteilte Tat war eine Privatfahrt. Wenn die isolierte Sperre für Lkws aufgehoben wird, würde Herr S. sich wieder in die Lage gesetzt sehen, eine Berufstätigkeit aufzunehmen, um aus der Arbeitslosigkeit herauszukommen.

Es wird um antragsgemäße Entscheidung gebeten.

Sollte eine Verbescheidung nicht im Sinne des Antragstellers erfolgen, wird um vorherige Rücksprache gebeten.

Wenn das Gericht und die Staatsanwaltshaft Ihnen immer noch nicht glauben, müssen Sie noch einmal nachbessern:

… übersende ich in der Anlage die aktuellen Laborwerte unseres Mandanten vom 09.09.2005.

Diese legen Zeugnis darüber ab, dass sich sämtliche Werte im Normbereich befinden.

Des Weiteren überreiche ich eine erneute Teilnahmebestätigung vom 12.10.2005 betreffend das Aufbauseminar »Leipzig 2000«.

Außerdem übersende ich den »Punktekatalog« betreffend meinen Mandanten mit handschriftlichen Vermerken des Sozialtherapeuten und Diplom-Sozialpädagogen Thomas Schmidt sowie eine erneute Teilnahmebestätigung für die Teilnahme vom 30.03.2005 bis 20.04.2005.

Insbesondere die Punktebewertung, wie mit Schreiben vom 10.05.2005 mitgeteilt, ergibt, dass Herr S. sich in exemplarischer Weise entsprechend den Anforderung sowohl offen und gesprächsbereit wie kooperativ zeigt, keine Schuldzuweisung nach außen vornimmt und sich nicht als Opfer, sondern vielmehr als Täter erkennt (vgl. Ziffer 1 »Schilderung des Deliktablaufs«, Stichpunkt K.1.2).

Des Weiteren wird unter Ziffer 1, Stichpunkt K.1.3, eine korrekte Erklärung abgegeben betreffend Trinkanlass, Trinkzeit und Trinkmengen. Auch hier hat mein Mandant ein normgerechtes Verhalten an den Tag gelegt.

Hinsichtlich Ziffer 5, »Entwicklung der Trinkgewohnheiten«, verhält sich mein Mandant normgerecht und angepasst. Hinsichtlich eines Alkoholmissbrauchs wird eine plausible Erklärung abgegeben. Die Alkoholgewöhnung ist meinem Mandanten bewusst gewesen und bewegt sich korrelierend zu den festgestellten Trinkmengen.

Insbesondere und besonders bedeutsam sind das Änderungsverhalten (Ziffer 6) und das Vermeidungsverhalten (Ziffer 7). Danach scheint der Teilnehmende deutlich klargemacht zu haben, dass er sich seiner Devianz bewusst ist und sensibilisiert ist betreffend der Droge Alkohol.

Vor diesem Hintergrund rechtfertigt sich eine anderweitige Betrachtung.

Ich rege daher an, dieses Schreiben der Staatsanwaltschaft nochmals zu übersenden mit der Maßgabe, individualisiert auf den Antrag der Verteidigung einzugehen.

Das Amtsgericht wird auf die Entscheidung des Amtsgerichts Borna vom 18.07.2005 hingewiesen. Die Entscheidung wird in Kopie beigefügt.

Dem Amtsgericht Eilenburg wird mitgeteilt, dass mein Mandant Ersttäter ist. Er hat sich nachhaltig mit den Problemen des Alkohols am Steuer auseinander gesetzt. Er hat an dem über mehrere Monate andauernden Kurs für alkoholauffällige

Kraftfahrer teilgenommen. Durch die nachgewiesene Eignung über das Seminar »Leipzig 2000« hat er auch seine geänderte Einstellung zum Alkohol und seinem normativen Verhalten herausgearbeitet.

Die Entziehung des Führerscheins hat auf meinen Mandanten in exemplarischer Weise gewirkt. Er ist zwar erstmalig auffällig geworden und hat bei dem Unfall keinen Schaden verursacht. Die Fahrt wurde von ihm selbst beendet, auch wenn dies durch die ihn seinerzeitig vertretende Anwältin nicht gerügt worden ist. In Betracht gekommen wäre hier unter Umständen sogar noch die Möglichkeit eines Rücktritts vom beendeten, aber noch nicht vollendeten Versuch.

Da mein Mandant zum Führen von Kraftfahrzeugen nicht mehr ungeeignet ist, rechtfertigt sich auch die Aufhebung der Sperre. Es wird um ***zeitnahe*** *Entscheidung gebeten.*

Der Antrag brachte Erfolg. Der Mandant konnte mithin drei Monate früher und dann wiederum drei Monate vorher die Fahrerlaubnis beantragen. Immerhin ein Vierteljahr gespart!

Sie müssen tatsächlich nachvollziehbar und transparent beweisen, dass Sie sich quasi vom Saulus zum Paulus gewandelt haben – von einem verantwortungslosen Kraftfahrer, der nicht davor zurückgeschreckt hat, andere Verkehrsteilnehmer durch seine Alkoholaufnahme und Teilnahme im Straßenverkehr zu gefährden, der sich jetzt aber seiner Rolle bewusst geworden ist und unter Beweis gestellt hat, dass er sich auch vor Ablauf der Sperrzeit wieder um den Führerschein bemühen darf.

Nicht verzagen, wenn Sie beim ersten Versuch, die Sperrzeitverkürzung zu erwirken, gescheitert sind. Sie haben selbstverständlich die Möglichkeit, einen abgelehnten Antrag jederzeit zu wiederholen.

Auch wenn das Gericht genervt ist und Ihnen verweigert, vor Ablauf von zwei oder drei Monaten einen erneuten Antrag zu stellen, so ist das rechtswidrig! Die Möglichkeit einer den §§ 57 Absatz 6, 67 e Absatz 3 und 68 e Absatz 2 StGB entsprechenden zeitlichen Beschränkung ist den Gerichten nicht eingeräumt worden (so Schönke/Schröder, Kommentar zum StGB, 26. Auflage, § 69 a Randnummer 21 a).

Die Entscheidung des Gerichts, die auch schon vor Ablauf der Mindestsperrfrist für die Zeit danach getroffen werden kann, ergeht durch Beschluss. Die Verwaltungsbehörde ist dann frei, dem Betroffenen auf Antrag den Führerschein wieder zu erteilen oder die entsprechenden Voraussetzungen für die MPU zu schaffen.

Sollten Sie mit all Ihren Anträgen aber keinen Erfolg haben, so wäre noch darüber nachzudenken, ob ein Antrag auf Aufhebung der Sperre möglicherweise auf bestimmte Fahrzeugarten beschränkt werden sollte. Wenn Sie beispielsweise nach einer privaten Feier mit Ihrem Privat-Pkw in den Nachtstunden betrunken unterwegs waren, so bedeutet dies ja nun nicht gleichzeitig, dass Sie auch mit dem Betriebs-Lkw oder Betriebsfahrzeug betrunken fahren werden.

So wäre durchaus denkbar, dass für dienstliche Fahrten mit einem Lkw, Rettungswagen oder einem Tankfahrzeug und Ähnlichem eine vorzeitige Sperre in den Bereich des Möglichen rückt. Es gibt hierzu zahlreiche Gerichtsentscheidungen, die in ähnlicher Weise erkannt haben.

3. MPU

Sie haben es schon gewusst oder geahnt: Beim Wiederbeantragen Ihres Führerscheins nach Ablauf der Sperrfrist beziehungsweise drei Monate vorher bekommen Sie von der Verwaltungsbehörde aufgegeben, den Nachweis beizubringen, dass Sie zum Führen von Kraftfahrzeugen geeignet sind. Gehört haben Sie ja öfter, dass so etwas passiert. Doch so richtig auseinander gesetzt haben Sie sich damit noch nicht. Denn für diejenigen, die noch im Besitz des Führerscheins sind, die aber die magische Grenze von 18 Punkten überschritten haben, gilt das Gleiche: Allesamt sind sie verdonnert, ihre Eignung nachzuweisen.

Wo aber steht es, dass die Behörde etwas Derartiges von Ihnen verlangen darf?

a) Rechtsgrundlagen für die Anordnung über die Einholung der medizinisch-psychologischen Untersuchung

Die Verwaltungsbehörde, die über die Beibringung eines entsprechenden Eignungsnachweises entscheidet, hat aufgrund § 3 StVZO die Möglichkeit, den fahrauffälligen Kraftfahrer zu beauflagen, eine entsprechende Befähigung durch Vorlage eines Gutachtens unter Beweis zu stellen, um so den Straßenverkehr und damit die Allgemeinheit vor der Gefährdung durch Personen zu schützen, die zum Führen von Kraftfahrzeugen im Straßenverkehr ungeeignet sind. Die hierzu anzuwendenden Normen sind § 4 StVG und § 15 b StVZO.

Dabei trägt die Verwaltungsbehörde die Beweislast dafür, dass der Kraftfahrzeugführer und Antragsteller ungeeignet ist. Die Ungeeignetheit muss objektiv bewiesen sein (vgl. Jagusch/Hentschel, Straßenverkehrsrecht, 33. Auflage, § 3 StVZO Randnummer 5).

In diesem Zusammenhang haben Sie nunmehr zwei Rechte: Zum einen haben Sie das Recht zu entscheiden, ob Sie die MPU machen wollen – oder nicht. Im Weiteren haben Sie das Recht zu entscheiden, zu welcher Stelle Sie wollen. Definitiv unzulässig ist es, wenn Ihre Verwaltungsbehörde versucht, Ihnen vorzugeben, Sie müssten zu dieser oder jener Begutachtungsstelle. Sie haben als derjenige, der zu begutachten ist, das Recht, die begutachtende Stelle auszusuchen.

Die Behörde gibt lediglich die Art der Begutachtung vor (§ 11 Absatz 6 FeV), die Auswahl der konkreten Untersuchungsstelle bleibt aber Ihnen überlassen.

Ein weitergehender Anspruch auf einen konkreten Gutachter steht Ihnen jedoch nicht zu. So haben Sie nicht die Möglichkeit, beim TÜV oder der DEKRA diesen oder jenen Gutachter als den für Sie günstigen auszusuchen und ihn für sich zu beanspruchen, nur weil ein Kollege mit ihm gute Erfahrungen gemacht hat.

Sofern Sie allerdings die Sorge tragen, dass dieser oder jener Gutachter Ihnen voreingenommen gegenübersteht, so steht Ihnen selbstverständlich auch das Recht zu, einen Gutachter wegen der Besorgnis der Befangenheit abzulehnen.

Der Gutachter selbst hat einen Gutachtenauftrag abzulehnen (§ 11 Absatz 2 letzter Satz FeV), wenn er schon im Vorverfahren mit Ihnen eine Therapieberatung gegen Honorar gemacht hat beziehungsweise sonstige Gründe gemäß § 76 StPO vorliegen.

b) Erfolgsaussichten (Statistik)

Es fallen weniger als 50 Prozent durch. Durchfallquoten von 90 Prozent sind Schauermärchen.

c) Vorbereitung

Es sind schon einige Vorschläge gemacht worden, wie man sich auf die MPU vorbereiten kann. Nachstehend finden Sie zahlreiche Fragen, die Ihnen in der MPU so auch gestellt werden. Ich empfehle daher dringend, sich mit diesen Fragen sorgfältig auseinander zu setzen.

Ich empfehle darüber hinaus, Ihre Antworten in einem psychologischen Beratungsgespräch, welches sicherlich nicht die Welt kostet, mit einem anerkannten Psychologen zu besprechen. Dieser wird Ihnen sagen, ob die eine oder andere Antwort geschickt oder ungeschickt war, und Ihnen den möglicherweise auch entscheidenden Tipp geben.

Eine Alternative ist – wenn auch nicht jedermanns Sache – die Teilnahme an psychologischen Gesprächen im Rahmen von von der Diakonie oder ähnlichen Institutionen angebotenen Gesprächskreisen.

Hier versammelt sich regelmäßig ein Publikum, welches sich

meist aus Kostengründen für diesen Weg entscheidet. Mitnichten möchte ich jetzt zum Ausdruck bringen, dass diese Seminare bei der Diakonie oder Ähnlichem minderwertig oder sinnlos wären. Das Gegenteil ist der Fall. Der möglicherweise für den Einzelnen auch interessante Erfahrungszuwachs ist, dass es andere und weitere Kraftfahrer gibt, die ein ähnliches Problem haben wie Sie. Ich möchte Ihnen einfach die Berührungsängste nehmen, sich beispielsweise bei einem Kurs für anonyme Alkoholiker anzumelden. Hier gibt es zahlreiche sinnvolle Gesprächskreise. Zunächst werden Sie vielleicht sagen – wie viele meiner Mandanten: Das brauche ich doch nicht, ich bin doch kein Alkoholiker. Häufig verkennen Sie jedoch bei Ihrer Begriffsfindung, dass nach der relativ eng gesteckten Definition auf Sie sehr wohl die Bezeichnung »Alkoholiker« zutrifft, ohne Sie damit beschimpfen oder sogar beleidigen zu wollen. Der Begriff Alkoholiker ist – wie bereits ausgeführt – lediglich die Beschreibung eines krankhaften Zustands, der therapiert werden kann – oder muss.

Im Allgemeinen informiert Sie das Gesundheitsamt Ihrer Stadt darüber, welche Kurse tatsächlich zurzeit angeboten werden, was die Teilnahme jeweils kostet und zu welchen Zeiten und wo sie stattfinden. Informieren Sie sich.

Sofern Sie aber berücksichtigen, was dieses Buch Ihnen an Information vermittelt hat, werden Sie wohl unter gehöriger Wissensanstrengung durchaus in der Lage sein, die Fragen so zu beantworten, dass ein TÜV-Prüfer damit zufrieden wäre.

Auswahl der Begutachtungsstelle

Neben der Vorbereitung auf den Test als solchen ist es natürlich auch wichtig, dass man die richtige Begutachtungsstelle aussucht. Zumindest mental.

Sofern Sie denn überzeugt sind, die richtige Begutachtungsstelle für sich ausgesucht zu haben, haben Sie zumindest psychologisch – gleich dem Placeboeffekt – immerhin den Vorteil, sich gut aufgehoben zu fühlen. Häufig wird an mich die Frage herangetragen, welches denn die »beste« Begutachtungsstelle sei. Vielfach wird sodann angeraten, dass man doch besser nach Bayern gehen solle, da dort eine höhere Allgemeintoleranz gegenüber Alkohol vorherrsche. Immerhin sei doch wohl jeder Zweite, der in einem Biergarten längere Zeit sitzt und dann nach Hause fährt, mit Alkohol unterwegs.

Andere vertreten wiederum die Auffassung, dass es in der Landeshauptstadt Berlin besonders einfach sei, die Fahrerlaubnis wieder zu bekommen, und die Gutachter dort aufgrund der Gesellschaftsfähigkeit der Droge Alkohol erhebliches Verständnis für ein »Über-die-Strenge-schlagen« hätten.

Neben diesen Aspekten gibt es allerdings auch die grundsätzliche Überlegung der Anbieterwahl. So wie wir alle wissen, konkurrieren der TÜV und die DEKRA und noch zahlreiche andere Unternehmen beziehungsweise Institute um Ihren Gutachtenauftrag.

Richtig in diesem Zusammenhang dürfte sicherlich die Behauptung sein, dass es vereinzelt Gutachter mit einer höheren Positivrate gibt als andernorts. Aus verschiedenen Gründen. Tatsache ist aber auch, dass die Bundesanstalt für Straßenwesen als Aufsichtsbehörde überprüft. Dabei wird anhand der objektivierbaren Faktoren der Gutachten stichpunktartig geprüft, ob und inwieweit Gutachten ordnungsgemäß erstellt worden sind und die darin enthaltenen Kriterien auch zu dem ordnungsgemäßen nachvollziehbaren Ergebnis geführt haben.

Mein Tipp: Suchen Sie sich eine Stelle aus, von der Sie persönlich das Gefühl haben, dass man Ihnen da wohlgesonnen ist. Meistens ist es die Begutachtungsstelle, die der Heimat am nächsten ist. Da muss man morgens nicht so früh aufstehen und ist abends wieder zu Hause.

Bekleidungsfragen und Auftreten

Bereits mehrfach ist angeklungen, dass man kaum in der Lage ist, einem Prüfer etwas vorzumachen. Vor allen Dingen sollten Sie sich selbst nichts vormachen. Sie sollten nicht versuchen, mit irgendeiner Kleidung etwas vorzugeben, was Sie nicht sind. Sie kennen den Ausdruck: Kleider machen Leute. Dieser Satz sollte aber gleichzeitig nicht überbewertet werden.

Mein Tipp: Ziehen Sie sich Ihre Lieblingssachen an! Fühlen Sie sich in den Sachen wohl, dann sind Sie genau richtig. Sie sollten sich so kleiden, wie Sie am liebsten aus dem Haus gehen. Sicherlich wird ein Mitarbeiter einer Bäckerei nicht auf die Idee kommen, morgens mit Anzug, Schlips und Kragen aus dem Haus zu gehen. Er wird vielmehr – bevor er sich in der Bäckerei umzieht – mit legerer Freizeitkleidung auf seiner Arbeitsstelle erscheinen. Umgekehrt käme es keinem Bankangestellten in den Sinn, in legerer Freizeitkleidung auf seiner Arbeitsstelle zu erscheinen. So haben sich im Laufe der Jahre bestimmte Vorlieben für bestimmte Produkte, bestimmte Stoffe, bestimmte Schnitte herausgebildet, in denen man sich besonders wohl fühlt. Ziehen Sie das an, in dem Sie sich wohl fühlen.

Gleiches gilt für das Auftreten. Versuchen Sie nicht souveräner zu erscheinen, als Sie sind. Am entwaffnendsten ist die ehrliche Erklärung, dass Sie Angst haben, mindestens aber, dass Sie aufgeregt sind. Das ist ja auch logisch. Jeder, der sich auf den Stuhl gegenüber dem Prüfer setzt, hat Angst, mindestens fühlt er sich aber nicht wohl. Er ist in Sorge, ob er den Ansprüchen des Prüfers gerecht wird. Er ist in Zweifel, ob er in der Lage ist, die richtigen Antworten zu geben. Dies ehrlich zuzugeben ist definitiv kein Fehler. Glauben Sie mir: Der Prüfer weiß, dass Sie in Sorge um Ihren Führerschein sind. Diese Sorge hat jeder!

Ich darf Sie dringend bitten, nicht zu fordernd zu sein. Auf der anderen Seite empfehle ich aber auch, die Möglichkeit zu nutzen, sich aktiv einzubringen; damit will ich sagen, dass Sie die Möglichkeit nutzen sollten, sich aktiv am Gespräch zu beteiligen. Sagen Sie dem Prüfer, was Ihnen wichtig ist. Teilen Sie ihm mit, was Sie denken, was Sie fühlen, was Sie meinen; insbesondere sollten Sie dem Prüfer mitteilen, warum und wieso Sie zu der Trunkenheitsfahrt gekommen sind. Dabei sollten Sie ihn aufmerksam beobachten, ohne ihn zu aufdringlich anzustarren.

Insbesondere sollten Sie versuchen zu vermeiden – ich erlaube mir, dies an dieser Stelle nochmals auszuführen –, den Prüfer durch schwammige Formulierung milde zu stimmen. Das Gegenteil wird der Fall sein! Ein Prüfer, der bei seinem Gegenüber feststellt, dass dieser eine Alkoholtat bagatellisiert oder aber versucht, anderen beziehungsweise Dritten die Verantwortlichkeit dafür zuzuschieben, wird kaum die Möglichkeit haben, eine positive Entscheidung zu erringen. Darum geht es aber. Sprechen Sie laut und deutlich, sprechen Sie insbesondere langsam, und nuscheln Sie nicht. Stimmen Sie durch Ihr Auftreten Ihren Prüfer freundlich. Seien Sie selbst freundlich. Sie sind ein freundlicher, offener Mensch. Seien Sie dies auch – auch wenn es möglicherweise schwer fällt – in der Befragungssituation.

Sie müssen sich darüber klar sein, dass Sie gefragt werden, was Sie getrunken haben. Sie müssen sich darüber hinaus darauf gefasst machen, dass Sie zu Ihrer Trunkenheitsfahrt befragt werden. Sie werden darüber gefragt, wie es dazu gekommen ist. Sie werden darüber gefragt, wie Sie sich gefühlt haben.

Ich erlaube mir einige Fragen hier vorzustellen, die auf Sie zukommen können:

- Was und wie viel trinken Sie durchschnittlich in der Woche?
- Was trinken Sie bei besonderen Anlässen?
- Was trinken Sie nach Feierabend?
- Was trinken Sie am Wochenende?

- Was sind Höchstmengen gewesen?
- Hat der Arzt schon einmal empfohlen, auf Alkohol zu verzichten?
- Hat Ihr Ehepartner geschimpft?
- Hat es Zeiten gegeben, in denen Sie mehr Alkohol getrunken haben?
- Wie lehnen Sie Alkohol ab? Ist es Ihnen schwer gefallen, keinen Alkohol mehr zu trinken?
- Was hat Sie zum Verzicht bewogen?
- Haben Sie Probleme mit Alkohol, oder haben Sie welche gehabt?
- Sind Sie alkoholgefährdet, oder waren Sie es?
- Was war positiv am Alkohol gewesen?
- Waren Sie an Alkohol gewöhnt?
- Weshalb haben Sie früher Alkohol getrunken?
- Was hat Ihnen wie geschmeckt?
- Haben Sie häufiger Trinkpausen eingelegt?
- Hatten Sie wegen Alkohol Probleme am Arbeitsplatz?
- Warum wollen Sie nichts mehr trinken?
- Wie lange wollen Sie nichts mehr trinken?
- Wie wollen Sie das schaffen?
- Haben Sie sich in einer Suchtberatungsstelle oder in einer Gruppe helfen lassen?
- Waren Sie bei einem Psychologen?

Fragenkatalog

Wie nicht anders zu erwarten, werden zahlreiche weitere Fragen an Sie herangetragen, die dem Prüfer auch einen Einblick in Ihren bisherigen Werdegang und Ihre Art, mit dem Delikt umzugehen, ermöglichen sollen.

Bitte setzen Sie sich mit den nachfolgenden Fragen auseinander, damit Sie in der Prüfungssituation nicht unvorbereitet sind.

1.) Persönliche Fragen

Fragen zur Trunkenheitsfahrt:

Wann sind Sie losgefahren? Tag: _____ Uhrzeit: _____

Was herrschte für ein Wetter an diesem Tag? _____

Welche Promillezahl wurde bei Ihnen festgestellt? _____

Kurze Angaben zu Ihrer Biografie:

Wo sind Sie geboren, wo gingen Sie zur Schule, etc.? _____

Sind Sie bei den Eltern aufgewachsen? _____

Haben Sie Geschwister? _____

Haben Sie einen Beruf gelernt (welchen)? _____

Sind Sie zurzeit berufstätig? _____

Sind Sie ledig/verheiratet/geschieden? _____

Haben Sie Kinder (wie viele, Alter, Geschlecht)? _____

Leben Sie allein oder mit einer Lebensgefährtin/einem Lebensgefährten? _____

2.) Können Sie sich an besondere Fakturen (auslösende Gründe) erinnern, die nach Ihrer Auffassung Ihre Trunkenheitsfahrt erklären können? (Beispiel: Streit mit dem Lebensgefährten/der Lebensgefährtin/der Ehefrau/ dem Ehemann, Betriebsfeier, Party etc.)

____

____

____

3.) Haben Sie sich noch fahrtüchtig gefühlt? Wenn ja, warum? Erklärung?

____

____

____

Wenn nein, warum sind Sie trotzdem gefahren? Erklärung?

____

____

____

4.) Wie viel haben Sie getrunken? Trinkbeginn?

____

____

____

Trinkende? __________________________

Wer war dabei? _______________________

5.) Wie sahen Ihre Trinkgewohnheiten in den letzten zwölf Monaten vor der Trunkenheitsfahrt aus?

- ❑ normal
- ❑ Alkoholmissbrauch
- ❑ alkoholabhängig

Normal: Was bedeutet für Sie normal? Beschreiben Sie den Begriff.

____

____

____

Alkoholmissbrauch: Was bedeutet für Sie Alkoholmissbrauch? Beschreiben Sie den Begriff.

____

____

____

Alkoholabhängig: Was bedeutet für Sie alkoholabhängig? Beschreiben Sie den Begriff.

____

____

____

6.) Welche Alkoholmengen haben Sie gewöhnlich während einer Woche in den letzten zwölf Monaten vor Ihrer Trunkenheitsfahrt getrunken?

____

____

____

7.) Welche Alkoholmengen haben Sie gewöhnlich während eines ganz normalen Wochenendes im Jahr vor Ihrer Trunkenheitsfahrt getrunken?

____

____

____

8.) Ein positives Gutachten können Sie erlangen, wenn Sie sich vom Risikofall Ihrer Vergleichsgruppe alkoholauffälliger Kraftfahrer deutlich positiv unterscheiden. Was bedeutet das für Sie?

____

____

____

9.) Es gibt Personen, bei denen ein Gewöhnungsprozess (Alkoholtoleranz) bezüglich Alkohols vorliegt. Was bedeutet das für die Person und für die Chance, ein positives Gutachten zu bekommen?

____

____

____

10.) Geben Sie folgenden Satz aus einem MPU-Gutachten mit eigenen Worten wieder: *»Mit der Abstinenzbehauptung soll ein Status geschaffen werden, der weitere Trunkenheitsfahrten von sich aus ausschließt. Alkoholabstinenz muss aber, soll sie als Vermeidungsstrategie zukünftiger Trunkenheitsfahrten Geltung haben, von einer tiefen Problemsicht in die eigene, hochproblematische Beziehung zum Alkohol getragen sein.«*

____

____

____

11.) Blutalkoholkonzentrationen von 0,8 bis 1,3 Promille kennzeichnen den oberen Grenzbereich gesellschafsüblichen Trinkens. Was bedeutet dieser Satz für Sie?

____

____

____

12.) Wie erklären Sie, dass Pkw-Fahrer, die erstmals mit einer hohen Blutalkoholkonzentration im Straßenverkehr gestoppt worden sind (mehr als 0,8 Promille), zu 50 Prozent rückfällig werden?

____

____

____

13.) Welchen Einfluss hat eine hohe Alkoholtoleranz (mindestens 1,6 Promille) auf die Einschätzung der negativen Auswirkungen des Alkoholkonsums?

____

____

____

14.) Bitte erklären Sie nachfolgende Feststellung:

Ein positives Gutachten kann erlangt werden, wenn

a) eine angemessene Einsicht in die Problematik des früheren Verhaltens besteht,
b) wirksame Vermeidungsstrategien vorhanden sind und
c) alternativ Verhaltensmuster für vergleichbare - Konfliktsituationen entwickelt und bereits angewendet werden!

____

____

____

15.) Welche Bedeutung hat eine Selbsthilfegruppe für Sie? Würden Sie dauerhaft daran teilnehmen?

____

____

____

16.) Benennen Sie in Ihrer Person liegenden Gründe, mehr Alkohol zu konsumieren als 90 Prozent der sonstigen trinkfähigen Bevölkerung.

____

____

____

17.) Welche Gründe gab es, die außerhalb Ihrer Person lagen und Ihr Trinkverhalten stützen?

____

____

____

18.) Was haben Sie über Alkohol seit Ihrer Trunkenheitsfahrt gelernt?

____

____

____

19.) Denken Sie an Ihre Kindheit zurück: Welcher/Welche der folgenden Punkte war/waren möglicherweise problematisch für Sie?

a) Ich habe mich in meiner Familie als Kind körperlich und seelisch wohl gefühlt.
b) In meiner Familie wurde Liebe auch gezeigt. Es ging meinen Eltern nur um die Sorge hinsichtlich der Notwendigkeit des Lebens wie Ernährung, Kleidung und Schule.
c) Es war meinen Eltern wichtig, dass es mich gab, und sie interessierten sich nicht nur dafür, dass ich in der Familie und Schule etwas leiste.

d) Ich wurde von meinen Eltern, von der Schule und vom späteren Ausbildungsbetrieb nicht über lange Zeiträume überfordert oder unterfordert.
e) In unserer Familie gab es gesunde Grenzen zwischen den Einzelpersonen und Generationen. Das bedeutet, ich hatte auch einen Intimbereich, der von anderen Familienmitgliedern nicht verletzt wurde. Ich durfte meine eigenen Geheimnisse haben, und dies wurde respektiert.

20.) Wann gilt ein Mensch für Ärzte und Psychologen als alkoholabhängig? Welche Faktoren für Alkoholabhängigkeit fallen Ihnen ein?

21.) Haben Sie das Gefühl, dass Sie auf etwas verzichten, wenn Sie abstinent sind? Wenn Sie auf Alkohol »verzichten«, was haben Sie dafür an »Positivem« bekommen? Oder geht es Ihnen bei Alkoholabstinenz schlechter?

22.) Schildern Sie die eigentliche problematische Eigenschaft von Alkohol.

____

____

____

23.) Schildern Sie Ihre wichtigste Motivation, den Alkoholkonsum zu beenden. Was hat das mit der Führerscheinentziehung zu tun?

____

____

____

24.) Worüber denken Sie nach, um Ihre eigene Alkoholproblematik aufzuarbeiten?

____

____

____

25.) Wie kann es sein, dass dem Gutachter die behauptete und nachgewiesene Abstinenz vom Alkohol für ein positives Gutachten nicht ausreicht?

____

____

____

26.) Schildern Sie, wie Ihre Familie und Ihre Freunde reagiert haben, als Sie begonnen haben, keinen Alkohol mehr zu trinken.

____

____

____

27.) Schildern Sie, wie leicht oder wie schwer Ihnen es gefallen ist, mit dem Trinken von Alkohol aufzuhören.

____

____

____

28.) Erklären Sie, warum Sie sicher sind, dass Sie mit Alkohol im Straßenverkehr nicht mehr auffallen.

____

____

____

d) Ablauf

Nachdem man sich für eine bestimmte Untersuchungsstelle entschieden hat, teilt man dies der Führerscheinstelle mit. Von dort aus werden die Unterlagen verschickt. Nach deren Eingang bei der Untersuchungsbehörde teilt diese sodann mit, dass man sich unter Vorlage des Personalausweises anzumelden und die Kosten für die MPU-Untersuchung im Voraus zu entrichten habe.

Zu Beginn der MPU-Untersuchung wird sodann eine so genannte Leistungsdiagnostik erstellt. Hierzu ist es erforderlich, Fragebögen zum vorgeworfenen Delikt, zur Person sowie zur Verkehrsvorgeschichte auszufüllen.

Auch ist es erforderlich, zur Gesundheitsvorgeschichte entsprechende Fragebögen auszufüllen. Dies ist die Regel – wenn auch nicht zwingend.

Im Weiteren wird nach Vorerkrankungen gefragt. Machen Sie sich bitte darauf gefasst, dass Sie möglichst detailliert berichten müssen, wann Ihnen der Blinddarm entnommen worden ist, wann Sie irgendwann einen Verkehrsunfall mit Halswirbelschleudertrauma oder Rippenserienfraktur hatten, wann Sie sich einen Fuß verstaucht, wann Sie sich den Kopf angeschlagen, wann Sie welche schwierigen Zahnoperationen gehabt haben.

Darüber hinaus wird insbesondere bei jüngeren Personen die Frage nach dem sozialen Umfeld gestellt. So wird abgefragt, wie die Verhältnisse im Elternhaus sind oder aber mit dem Lebenspartner etc.

Kurz gesagt: Man möchte wissen, wo und wie Sie leben und wie es Ihnen geht.

Körperlicher Eignungstest

(1) Medizinische Untersuchung

Sodann schließt sich regelmäßig eine medizinische Untersuchung durch einen Arzt an. Im Rahmen derer betrachtet der Arzt neben den laborchemischen Werten (Leberwerte), die der jeweilige Prüfling mitgebracht hat, auch die Haut, die oftmals verräterisch ist.

So ergeben sich an bestimmten Hautstellen so genannte »Besenreißer«, die unter Umständen über eine entsprechende Alkoholkarriere Auskunft geben können.

Doch bitte keine allzu große Aufregung, sollten die Leberwerte nicht stimmen! Sie haben ausreichend Zeit, dies mit Ihrem Hausarzt zu klären. Ich gehe davon aus, dass Sie aus dem bisher Gelesenen wissen, was von Ihnen erwartet wird: Sie haben eine neue, ja geradezu vorbildliche Einstellung zum Alkohol oder zu Drogen oder haben mit Ihrer bisherigen Fahrpraxis gebrochen.

Gehen Sie davon aus, dass die Leberwerte zwar bedeutsam sind, aber keine übergeordnete Rolle spielen. Wie wir bereits erfahren haben, ist die Durchfallquote aufgrund der medizinischen Untersuchung mit fünf Prozent äußerst gering. Des Weiteren ist die Aussagekraft der Leberwerte auch noch im Hinblick auf den Zeitablauf bedeutsam: Leberwerte haben eine Aussagefähigkeit bis maximal zwei Monate zurückwirkend!

Mein Tipp: Vorher die Leberwerte vom Hausarzt testen lassen.

Sollten sich nämlich die Leberwerte als erhöht erweisen, so kann man vom Hausarzt erfragen, ob und inwieweit gegebenenfalls eine Medikamenteneinnahme oder eine Krankheitsvorgeschichte (zum Beispiel Pfeiffer'sches Drüsenfieber) schuld ist an den verkorksten Werten.

Mein Tipp: Bringen Sie eine Bestätigung vom Internisten, weshalb Ihre Leberwerte im Vergleich zu den Normwerten schlechter sind.

Wer im Weiteren davon ausgeht, dass er durch Manipulationen die Mitarbeiter der Begutachtungsstelle täuschen kann, irrt. Häufig werde ich von Cannabiskonsumenten gefragt, ob es Sinn macht, ganz viel zu trinken. Grundsätzlich macht viel trinken immer Sinn – den Nieren zuliebe.

Wer jedoch in den Stunden vor der Betestung sechs bis acht Liter trinkt und sein Blut derart verdünnt, dass die Blutprobe unverwertbar wird, schadet sich selbst! Sollte sich nämlich aufgrund einer laboranalytischen Überprüfung herausstellen, dass der Urin zu dünn ist, mithin zu wenig Inhaltsstoffe einer Begutachtung zur Verfügung stehen, so gilt diese Urinprobe als unverwertbar, und man hat das Geld für die Begutachtung umsonst ausgegeben.

Danach dürfen Sie damit rechnen, an den Arzt ebenfalls mindestens ein Röhrchen Blut zu verlieren. Der Arzt untersucht Sie auf Ihre neuronalen Reflexe. So klopft er mit seinem Hämmerchen hier und da. Davor brauchen Sie definitiv keine Angst zu haben.

Darüber hinaus überprüft er Ihre Pupillenreflexe. Er testet Ihre Seh- und Hörfähigkeit. Ferner wird Ihr Gleichgewichtssinn unter die Lupe genommen. Sie müssen sich dabei vor dem Arzt mit ausgebreiteten Armen hinstellen, ein Bein heben und versuchen, bei geschlossenen Augen diese Position zu halten.

Üblich ist auch die Übung, dass Sie mit geschlossenen Augen wenige Meter vorwärts gehen sollen.

Der weitere Test, der sich in der Regel anschließt, ist der Nystakmustest. Hier werden Sie durch den Arzt gebeten, bei geschlossenen Augen mit jeweils der linken und/oder der rechten Hand Ihre Nasenspitze zu treffen. Wie? Sie glauben, das ist ganz einfach? Na, dann versuchen Sie es einmal. Sie werden feststellen, dass Sie zwar in die Nähe der Nasenspitze gelangen, aber häufig auch etwas daneben. Also, auch bitte keine Angst vor diesem Test. Deswegen ist, glaube ich, noch keiner durchgefallen!

Außerdem wird getestet, ob tatsächlich auch Ihre Tremorsituation beherrschbar ist. Nein, Spaß beiseite: Ihre allgemeine neuronale Situation wird getestet. Sie bekommen möglicherweise bei ausgestreckten Armen ein Blatt Papier auf den ausgestreckten Arm gelegt. Durch das Flattern des Papiers wird deutlich, ob Sie einen erhöhten Muskeltonus haben. Auch hier ist sicherlich die Aufregung Grund dafür, dass Ihre Arme etwas zittern.

Sie können sich auch weitergehend darauf vorbereiten, mit

geschlossenen Augen auf der Stelle zu marschieren. Ihre Aufgabenstellung ist es, bei Erreichen der Zahl 20, die Sie bitte deutlich und laut vorzählen mögen, sich noch auf der gleichen Stelle zu befinden.

Mit anderen Worten: Sie müssen auf der Stelle marschieren, und bitte schön auf der Stelle! Wenn Sie etwas von der Stelle abweichen, ist das nicht so gut. Also, bitte trainieren Sie das Marschieren mit geschlossenen Augen.

(2) Leistungstest

Bitte keine Angst vor dem Leistungstest. Die Durchfallquote des Leistungstests liegt bei fünf Prozent. Von diesen fünf Prozent, die als durchgefallen gelten, haben im zweiten Anlauf 90 Prozent über den so genannten praktischen Fahrtest den Leistungstest doch noch bestanden. Getestet werden Reaktionsvermögen, Sehvermögen und Ähnliches. Da hier erfahrungsgemäß die geringste Durchfallquote besteht und dieses Buch hierauf auch keinen Einfluss nehmen kann, soll dieser Rubrik auch keine weitere Aufmerksamkeit geschenkt werden. Sie schaffen das schon!

– Computertest

Die wohl gängigste Praxis derzeit ist der Computertest. Sie werden vor eine Art Joystick gesetzt, der vier Knöpfe vorhält. Nun erhalten Sie die Anweisung, mit jeweils **nur dem Zeigefinger** durch das Betätigen der Tasten jeweils das gewünschte Ergebnis zu erzielen.

Die Aufgabenstellung ist relativ einfach: Sie müssen erkennen, auf welcher Seite des Bildschirms, der sich unmittelbar vor Ihnen befindet, ein Symbol auftaucht. Dabei kann es sich um Pfeile, Winkel oder Ähnliches handeln. Sie müssen versuchen, möglichst schnell durch Betätigung des jeweiligen Knopfes zu reagieren. Dabei ist die Aufgabe vom Grundsatz her die, auf das Symbol auf dem Computerbildschirm zu reagieren. Es ist dabei auf die Lage eines Kreuzes und/oder die Position und/oder die Orientierung eines »Korporalwinkels« (das ist die Richtung, in welche die Pfeilspitze zeigt) zu reagieren. Sie müssen die obere Taste drücken, wenn das Symbol oben erscheint, die rechte Taste für ein Symbol auf der rechten Seite, und so weiter. Es ist so einfach, dass Sie ohne weiteres hier Erfolg haben werden. Stellen Sie sich bitte einfach nur eine Tastatur mit vier Knöpfen vor, wobei Sie aufgefordert werden, jeweils möglichst schnell die Taste zu drücken, in der das Symbol auftaucht, um welches es geht.

Tatsächlich ganz einfach.

Die einzige Raffinesse kann in diesem Zusammenhang sein, dass Sie aufgefordert werden, nicht die Position des Pfeils auf dem Bildschirm zu drücken, sondern die Pfeilrichtung. Beispiel: Der Pfeil taucht auf dem Bildschirm oben in der Mitte auf. Man könnte nun versucht sein, die obere Taste zu drücken. Dies wäre falsch, denn der Pfeil zeigt nach unten. Also, bitte drücken Sie die untere Taste. Gleiches gilt für eine Lokalisation auf dem linken oder rechten Bildschirm. Sie müssen sich dann jeweils nur konzentrieren.

In der derzeit vom TÜV verwendeten Testsituation sind 128 Aufgaben enthalten. Der Test nennt sich »Corporal Inter-Or«. Hierbei handelt es sich um einen Test zur Erfassung der selektiven Aufmerksamkeit. Getestet wird hier schlicht und ergreifend Ihre Konzentrationsfähigkeit.

– Corporal Dual C Test

Ein weiterer Test ist der so genannte »Corporal Dual C Test«. Dieser dient zur Erfassung der verteilten Aufmerksamkeit. Auch er wird am Computer durchgeführt. Der Test enthält in der derzeitigen Version 64 Aufgaben. Hierfür muss man wissen, dass eine Figur aus drei ineinander gesetzten Winkeln am Bildschirm jeweils oben, links oder rechts unten erscheinen kann. Der Winkel kann auch in Pfeilrichtung nach oben, nach links oder nach rechts zeigen. Eine zweite Figur, in der Regel ein Kreuz, ist auf der gegenüberliegenden Bildschirmseite angeordnet. Ihre Aufgabe ist es nunmehr, zu reagieren. Ihre Reaktion muss sich an dem Winkel orientieren und sich dann auf die Lokalisation des Kreuzes richten. Auch hier haben Sie wieder ein joystickähnliches Antwortgerät mit jeweils vier Tasten.

– Kaffeebohnenlaufen

Es folgt ein weiterer Test, das so genannte Kaffeebohnenlaufen. Hier muss man mit geschlossenen Augen auf einer gedachten Linie entlangspazieren, einen Fuß vor den anderen setzen und sich bemühen, möglichst nicht umzufallen und der Linie zu folgen.

– Marschieren auf der Stelle

Ein weiterer Test, der die Leistungsfähigkeit testen soll, sieht so aus: Man steht auf der Stelle und muss mit geschlossenen Augen marschieren. Sinn und Zweck der Übung ist, dass man trotz 20 bis 30 Schritten auf der Stelle tatsächlich noch am gleichen Platz stehen bleibt. Mit anderen Worten: Man marschiert und sollte tatsächlich auf der Stelle marschieren können. Versuchen Sie es einmal. Es ist nicht ganz so leicht. Das Ganze wird mit ausgestreckten Händen geübt.

– Tachistoskopischer Auffassungsversuch (TAVT 2)

Mittels des tachistoskopischen Auffassungstests soll herausgefunden werden, ob Sie in der Lage sind, Ihre rasche Auffassungsgabe unter Beweis zu stellen, wobei es Ihre Aufgabe ist, wesentliche Elemente in recht kurzer Zeit zu entdecken. Ihnen werden 22 Dias beziehungsweise Bilder gezeigt. Zunächst einmal haben Sie zwei Testversuche. Die weiteren 20 nächstfolgenden Bilder müssen Sie angemessen lösen. Auf jedem der

Dias ist eines oder mehrere der nachfolgend aufgeführten Elemente enthalten:

- Verkehrsampel
- Fahrzeug
- Fußgänger
- Motorrad beziehungsweise Fahrrad
- Verkehrszeichen

Sie haben immer nur eine Sekunde Zeit und müssen auf einem Testblatt die richtig erkannten Elemente ankreuzen.

Mein Tipp: Bereiten Sie sich vor, indem Sie mit teilweise abgedeckten Bildern Ihr Zeitgefühl und Ihre Fähigkeit trainieren, wesentliche Bildelemente zu testen. Dabei ist es völlig unerheblich, was konkret auf dem Bild zu sehen ist. Wichtig ist, dass Sie wesentliche Details erkennen können und dies auch verarbeiten.

Psychologisches Explorationsgespräch

Sie wissen, dass im Rahmen der medizinisch-psychologischen Untersuchung auch ein Explorationsgespräch von mindestens 30 Minuten Dauer stattfindet. Dies sollte eigentlich nicht erstaunen. Erstaunt bin ich wiederum, wenn meine Mandanten nach misslungenem Versuch zu einem Erstberatungsgespräch zu mir kommen und völlig entrüstet oder enttäuscht sind und nachfragen, was man gegen solche »fehlerhaften« Feststellungen eines Sachverständigen unternehmen könne.

»Der hat mir gar nicht mehr richtig zugehört« ist ein Satz, den ich häufig höre. Freundlich frage ich nach und bekomme zu hören, dass das Gespräch in etwa wie folgt verlaufen ist: »Herr B., können Sie mir sagen, wie es denn dazu gekommen ist, dass Ihnen der Führerschein entzogen wurde?«

Herr B.: »Ja, also, das war ganz einfach, die haben mich erwischt. Vielleicht haben die mir auch aufgelauert. Jedenfalls standen die plötzlich da – na ja, und dann war ich den Lappen los.«

Dass hier der sachverständige Psychologe »dicht macht«, ist sicherlich nachvollziehbar. Vielleicht werden Sie es auch schon selbst gemerkt haben: Bei Herrn B. ist »es« passiert. Er war nicht der Täter, sondern Opfer. Wir erinnern uns an die Einleitung. Richtig wäre gewesen: »Ich bin Täter und nicht Opfer.«

Ganz offensichtlich wird an dieser Stelle dem MPU-Prüfungspädagogen klar, dass Herr B. offensichtlich noch nichts begriffen hat. Vielleicht fällt es ihm auch danach bereits schon schwer, mit der Begutachtung zu beginnen und ein ablehnendes Votum niederzuschreiben. Dieses Desinteresse erlebt Herr B. als »der hat mir gar nicht mehr richtig zugehört«. Klar: Wer sich so ins Aus schießt, muss sich nicht wundern, wenn das Gutachten letztlich nicht so ausfällt, wie er sich das gewünscht hat.

Im Beratungsgespräch geht es dem Psychologen nämlich um die Beantwortung der Frage, ob der vor ihm sitzende Bewerber um den Führerschein oder Antragsteller oder Verurteilte oder Führerscheinlose tatsächlich eine Bewusstseinsänderung durchlebt hat oder nicht.

Maßgeblich geht es ja um die Beantwortung der Frage, ob der Antragsteller zum Führen von Kraftfahrzeugen geeignet ist oder nicht.

Mein Tipp: Erzählen Sie dem Prüfer keinen Unsinn und auch keine Legende. Der Prüfer wird Kontrollfragen stellen und auf diese Art und Weise schnell geklärt haben, ob die ihm geschilderte Verhaltensänderung tatsächlich erlebt wurde, mithin den Tatsachen entspricht, oder nur ein Tipp eines »guten Freundes« ist.

Genau dies wird durch den Prüfer getestet werden! Nicht umsonst haben Sie dieses Buch gekauft: Sie haben nämlich Angst vor dieser psychologischen Untersuchung, dieser Inquisition, diesen quälenden Fragen. Immerhin wissen Sie, dass 90 Prozent aller Durchgefallenen ihr Scheitern hier zu suchen haben.

Wir erinnern uns: Das Autofahren ist ein Dürfen! Derjenige also, der im Straßenverkehr ein Fahrzeug führen will, muss seine Eignung beweisen – jedenfalls nachdem er mit erheblicher Alkoholmenge im Straßenverkehr angetroffen worden ist.

Sicher ist eins: Der Prüfer will auf alle Fälle nachvollziehbare und plausible Vermeidungsstrategien sehen beziehungsweise hören. Er möchte von Ihnen wissen, wie er beziehungsweise die Allgemeinheit sicher sein kann, dass Sie es zukünftig **auf alle Fälle vermeiden, mit Alkohol im Straßenverkehr angetroffen zu werden**. Diese Vermeidungsstrategie ist von zentraler Bedeutung.

Nun kann man sich an dieser Stelle natürlich viel überlegen, was man dem MPU-Psychologen erzählt. Nachfolgend sind einige Varianten dargestellt.

– »Ich habe alles im Griff«.

Sie haben sich Großes vorgenommen. Eine psychologische Erfahrungstatsache besagt: Menschen verhalten sich in vergleichbaren Situationen prinzipiell gleich.

Dies allerdings würde bedeuten, dass es wieder zu einer Alkoholaufnahme in der besonderen Situation kommt, genauso wie beim letzten Mal. Gründe zu trinken gibt es genügend: Stress mit der Freundin, Stress am Arbeitsplatz, Ärger mit Auftraggebern, Verärgerung über ein abgesagtes Date, ein gemütliches Zusammensein zum Jubiläum, auf der Weihnachtsfeier etc. Es gibt immer Gründe, Alkohol zu trinken, und es gibt tausend Entschuldigungen, warum man danach Auto gefahren ist.

Eben hierin liegt das Problem: Sie müssen dem MPU-Psychologen plausibel und nachvollziehbar machen, warum Sie jetzt – anders als früher – in der Lage sind, Alkohol und Fahren im Straßenverkehr klar voneinander zu trennen. Denn immerhin liegt die Vermutung nahe, dass Sie wieder in einer ähnlichen Situation zur Flasche (zum Glas) und dann zum Steuer greifen werden. Hier müssen Sie sich wirklich etwas überlegen, was zu überzeugen vermag. Allein die Behauptung »Ich trinke nicht mehr« dürfte kaum irgend jemanden überzeugen können.

Den MPU-Psychologen schon gar nicht.

Da muss einfach mehr kommen. Zögern Sie nicht, dem MPU-Psychologen darüber zu berichten, was sich tatsächlich in Ihrem Leben alles verändert hat: Sie fühlen sich fitter, haben auch aufgehört zu rauchen, haben unglaublich abgenommen und wieder Spaß am Sex, auch können Sie nachmittags ohne Unmengen von Kaffee noch Höchstleistungen am Arbeitsplatz oder zu Hause erbringen.

All dies sind untrügliche Anzeichen dafür, dass Sie tatsächlich Ihre Alkoholkarriere beendet haben.

Dieser Entwicklungsprozess sollte über einen längeren Zeitraum (mindestens ein halbes Jahr) angedauert haben.

– »Ich trinke nie wieder etwas«.

Na, da haben Sie sich ja etwas vorgenommen! Ob Sie das auch durchhalten? Ist es wirklich so? Denken Sie, Sie können den Prüfer überzeugen? Sicher ist bei alledem das eine, dass der Prüfer genau weiß, dass Sie fast alles tun würden, um Ihren Führerschein wieder zu bekommen.

Herr L. berichtet mir davon, dass er auf Anraten von Freunden dem Psychologen erzählt hat, dass er zwar hin und wieder Alkohol getrunken habe, aber nur in Maßen, und Alkohol für ihn, bis auf die Trunkenheitsfahrt, nie ein Problem gewesen sei.

Er erzählt weiter, dass er jetzt aber sein Leben radikal umgekrempelt habe und der Droge Alkohol absolut entsage.

Auf meine Frage, wie der Psychologe auf diese Erklärung reagiert habe, erklärt Herr L. nur achselzuckend, dass er das nicht so richtig verstehen könne. Der Psychologe habe ihn trotz dieser ganz klaren Aussage gelöchert und nachgebohrt, warum er plötzlich nicht mehr trinke. »Als ob das wichtig sei!«, entrüstet sich Herr L. Er war jedenfalls der Meinung, mit der Erklärung, dass er nichts mehr trinke, sei die Sache für ihn erledigt.

Falsch!

Richtig ist vielmehr, dass der Prüfer gerade bei derart unplausiblen Erklärungen nachhakt und genau wissen will, warum es zu einer derartigen radikalen Bewusstseinsänderung kommt.

Immerhin hat doch Herr L. geschildert, dass er früher eigentlich nie ein Problem mit Alkohol gehabt habe. Er habe mehr oder weniger unregelmäßig Alkohol zu sich genommen und die Sache immer im Griff gehabt.

Logisch hat man mal was getrunken. Das machen doch alle. Das ist ja auch nicht so schlimm. – So weit ist das richtig. So ein richtig schöner alter Cognac, sagt Herr L., oder ein wunderbarer malziger Whisky, jahrelang im Eichenfass gereift. Und außerdem, sagt Herr L., war's mit Alkohol ja auch immer gemütlich. Nein, eigentlich habe er gerne getrunken.

Es sei mithin kein Problem für ihn gewesen.

Wenn es aber kein Problem gewesen ist, warum sieht sich Herr L. plötzlich veranlasst, sein Leben so radikal zu verändern? Dass man hierfür eine besondere Erklärung dem Psychologen gegenüber bereithalten muss, liegt doch auf der Hand. Wird es hier dünn und kommt nichts Vernünftiges, so kann der Psychologe nur folgern: Hier werde ich mal wieder belogen.

So erklärt, leuchtet dies auch Herrn L. ein.

Damit möchte ich nicht missverstanden werden! Wenn Sie sich tatsächlich dazu entscheiden, in Ihrem Leben nie wieder einen Tropfen Alkohol zu trinken, so ist dies sicherlich eine Entscheidung, die jeder – mit Ausnahme der Brauereiwirtschaft – positiv bewerten wird. Wenn es wirklich so ist! Wenn Sie dies allerdings nur behaupten, um beim Prüfer besser dazustehen, dann werden Sie wohl kaum damit rechnen können, dass er Ihnen dies abnimmt, wenn Sie hierfür nicht auch eine plausible Erklärung haben.

Denn gegen jede regelmäßige Erfahrung spricht es, dass jemand, der etwas früher gern gemacht hat, dies plötzlich ohne Not aufgibt. Allein der Eignungstest kann eine solche Motivation nicht sein, denn wenn Sie ihn bestanden haben, was passiert dann?

Wenn Sie aber tatsächlich ein Problem im Umgang mit Alkohol für sich erkannt haben, dieses Problem abgewogen haben und sich sodann gegen Alkohol entschieden haben, dann können Sie und **müssen** Sie dies dem Psychologen klarmachen. Sie müssen ihn tatsächlich an Ihrer Entscheidungsfindung teilhaben lassen. Sie müssen Ihre Motive schildern, Ihre Überlegungen und Gedankengänge klar offen legen, damit er nachvollziehen kann, wie Sie gedacht haben – damit er Sie verstehen kann. Nur wenn der Prüfer Sie verstehen und feststellen kann, dass Ihre Motive tatsächlich aus Ihrem Interesse kommen, kann er Ihnen tatsächlich folgen, Ihnen also glauben.

Die professionelle Unterscheidung in die vier Tätergruppen sieht wie folgt aus:

(1) Chronischer Alkoholiker

Hier haben wir es mit der schlimmsten Stufe des Alkoholismus zu tun: Durch das chronische Trinken haben sich nicht nur die Leberwerte verändert, sondern auch ein Stück weit die Persönlichkeit. Jedenfalls ist Voraussetzung für Ihre Betestung, dass Sie nach erfolgreich durchlebter Entziehungskur eine einjährige Abstinenz nachweisen. Es nützt also gar nichts, wenn Sie ein halbes Jahr lang eine Entziehungskur machen und dann noch einmal sechs Monate dranhängen, um sich für den neuen Führerschein zu bewerben. Sie müssen tatsächlich ein Jahr verstreichen lassen, nachdem die Entziehungskur beendet ist. Wer Ihnen hier etwas anderes erzählt …

Mir ist durchaus bekannt, dass es auch hier die bereits oben diskutierten Berater und Helfer gibt, die ganz sicher und garantiert zum Führerschein mit hundertprozentiger **Sicherheit** und **Geld-zurück-Garantie** plakativ für ihre Dienste werben. Fragen Sie Ihren Psychologen – fragen Sie Ihren Anwalt. Nur dann werden Sie den Führerschein wieder bekommen, wenn Sie tatsächlich zur Überzeugung des Prüfers auch nachgewiesen haben, dass Sie eine Abstinenz von zwölf Monaten durchlebt haben.

(2) Wiederholungstäter im Hochpromillebereich

Deutlich zu unterscheiden vom chronischen Alkoholiker ist der Wiederholungstäter im Hochpromillebereich. Den Führerschein wieder zu bekommen ist nicht gerade einfach, aber auch nicht unmöglich. Formale Voraussetzung ist jedoch, dass Sie tatsächlich einen vernünftigen Umgang mit Alkohol gelernt haben. Der Hochpromillebereich fällt allerdings bei den MPU-Gutachtern nicht bereits jenseits der 2,0-Promille-Grenze an. Der gesellschaftsübliche Alkoholkonsum reicht bis zu einer Grenze von 1,0 bis 1,1 Promille. In einem derartigen Fall müssen Sie Ihren vernünftigen Umgang mit Alkohol nachweisen. Voraussetzung für die Wiedererlangung des Führerscheins ist der Nachweis über eine zeitlich begrenzte Abstinenz von wenigstens sechs Monaten, die Sie sinnvollerweise im Abstand von zwei Monaten mit aktuellen Leberwerten belegen.

(3) Ersttäter

Auch ein Ersttäter muss den Nachweis über einen vernünftigen Alkoholkonsum bringen. Besser ist natürlich zunächst für die Dauer von sechs Monaten eine Abstinenz, wenngleich dies auch nicht unbedingt erforderlich ist. Sie müssen im Gespräch mit dem Psychologen plausibel deutlich machen, weshalb Sie jetzt anders als früher, kontrolliert, Alkohol zu sich nehmen. Wenn Sie hier eine klare Linie haben, die wir noch erörtern, dann haben Sie auch beste Chancen, und Sie werden die Begutachtung erfolgreich bestehen.

Sie müssen also dem Prüfer ganz klar gegenüber rüberbringen können, dass Sie zukünftig in der Lage sind, das Trinken und das Autofahren zu trennen, und dass Sie in der Lage sind, angemessen mit Alkohol umzugehen. Dabei will der Prüfer von Ihnen wissen, wie es dazu gekommen ist, dass Sie überhaupt mit Alkohol im Straßenverkehr angetroffen wurden, und er möchte von Ihnen natürlich wissen, wie Sie zukünftig eine derartige Wiederholung vermeiden wollen.

Er will von Ihnen eine vernünftige **Vermeidungsstrategie**. Dabei ist es erforderlich, dass Sie ihm auch erzählen können, wie Sie denn im Umgang mit Freunden, Bekannten, Arbeitskollegen und so weiter argumentieren, wenn Sie zur Aufnahme von Alkohol aufgefordert werden. Mir ist schon klar – das weiß auch der Prüfer –, dass ein nicht unerheblicher sozialer Druck auf Ihnen lastet und Sie als »Spaßbremse« oder »Weichei« dastehen, wenn Sie sich dem Alkohol verweigern.

Mein Tipp: Wenn Sie zum Alkoholkonsum aufgefordert werden, schauen Sie Ihrem Gesprächspartner direkt in die Augen, und erklären Sie ihm deutlich, klar und bestimmt: »Nein.«

Die freundliche Variante wäre: »Danke, nein, ich trinke keinen Alkohol.«

Ich schlage weiter vor, dass Sie sich danach ein alkoholfreies Getränk erbitten – beispielsweise ein Mineralwasser oder eine Apfelsaftschorle.

Wenn Ihr Gegenüber weiter insistiert und nicht locker lassen will, fragen Sie ihn direkt und unmittelbar, ja geradezu entwaffnend: »Können Sie mir sagen/Kannst du mir sagen, warum es für Sie/dich so wichtig ist, dass ich mit Ihnen/dir zusammen trinke?«

Eine weitere Variante wäre auch: »Können Sie/Kannst du

mir sagen, was Sie/du für ein Problem haben/hast, alleine Alkohol zu trinken?« Oder: »Welches Problem haben Sie/hast du, wenn ich jetzt mit Ihnen/dir keinen Alkohol trinke?«

Bleiben Sie aber immer höflich und bestimmt! Nicht Sie sind im Unrecht! Sie haben einen Anspruch darauf, das zu trinken, was Sie wollen und was Sie für richtig halten! Gegebenenfalls müssen Sie Ihrem Gesprächspartner gegenüber noch deutlicher werden: »Wenn Sie/du nicht aufhören/aufhörst, mich ständig zum Alkohol zu überreden, dann setze ich mich woanders hin. Ich habe klar und deutlich gesagt, dass ich keinen Alkohol trinken möchte!«

Dies waren nur einige Vorschläge. Je nachdem, wie selbstbewusst und fit Sie sich fühlen, können Sie auch variieren: Sie können zum einen das Nein mit einem Hinweis auf Ihr Alkoholproblem verbinden – Sie können aber auch darauf verzichten. Oder aber mit einer Ausrede aufwarten:

»Nein danke, ich habe zurzeit Probleme mit dem Magen.« Oder: »Nein danke, morgen steht bei mir ein ganz wichtiges Meeting an. Da muss ich topfit sein.«

Die Alternative mit dem Hinweis auf das (nicht mehr bestehende) Alkoholproblem:

»Nein danke, man hat mir schon mal wegen Alkohol den Führerschein weggenommen. Ich kann darauf verzichten, das noch mal durchzumachen.« Oder: »Nein danke, ich hab' sehr viel Mühe darauf verwandt, trocken zu werden. Jetzt ist Alkohol für mich kein Thema mehr.«

Ganz unverbindlich die Ablehnung:

»Nein, für mich ist Alkohol kein Thema.« Oder: »Nein danke, ich trinke doch keinen Alkohol.« (Damit verbinden Sie geradezu den Vorwurf, dass Ihr Gegenüber sich über Ihr Befinden gar nicht erkundigt hat und nicht weiß, dass Sie keinen Alkohol [mehr] trinken.)

Wichtig ist bei alledem, dass nicht Sie das schlechte Gewissen haben, sondern dass Sie sich selbstbewusst präsentieren und von Ihrem Recht, keinen Alkohol zu trinken, Gebrauch machen. Genau das will der Prüfer hören. Er möchte von Ihnen sichere Vermeidungsstrategien benannt bekommen, wobei er davon ausgehen kann, dass Sie sich zukünftig tatsächlich dem Alkohol entziehen können.

(4) Wiederholungstäter im Niedrigpromillebereich

Schwierig ist es immer für einen Wiederholungstäter, den Prüfer davon zu überzeugen, dass man sich diesmal anders verhalten wird. Voraussetzung für alle Fälle ist eine überzeugende Geschichte für den Prüfer und der Nachweis über ein vernünftiges Trinkverhalten. Es ist zwar keine Abstinenz erforderlich. Sie müssen allerdings dem Prüfer plausibel rüberbringen, weshalb er Ihnen jetzt – anders als früher – glauben soll, dass Sie nie wieder mit Alkohol oder zu viel Alkohol im Blut Auto fahren werden.

Erfinden Sie keine Geschichte, sondern erzählen Sie tatsächlich munter und überzeugend dem Prüfer die Wahrheit. Wir arbeiten hier tatsächlich an der Wahrheit! Sie werden den Prüfer kaum mit irgendeiner lauen Geschichte überzeugen können. Die Leute sind geschult, die Leute sind Profis. Sie werden sich ruck, zuck von Ihnen ein Bild gemacht haben. In den seltensten Fällen gelingt es, dem Prüfer etwas vorzumachen.

Vorschläge und Verhaltenstipps

Nachstehend soll zu den verschiedenen Problempunkten ausgeführt werden, was zu beachten ist.

(1) Alkohol

Im Falle des Alkoholmissbrauchs sind die Voraussetzungen, die an einen Fahrer im Straßenverkehr gestellt werden, nicht erfüllt. Nach der regelmäßig verwendeten Definition ist von einem Missbrauch auszugehen, wenn der Führerscheinbewerber nicht in der Lage ist, Autofahren und Alkoholkonsum **sicher** voneinander zu trennen.

Sie sehen, dass es nicht unbedingt notwendig ist, gar nicht zu trinken. Wichtig ist, dass in diesem Zusammenhang in der geringsten Form des Missbrauchs ein geschulter und qualifizierter Umgang mit Alkohol nachgewiesen werden kann.

Alkoholmissbrauch liegt vor, wenn Sie wiederholt am Steuerrad mit einer unzulässig hohen alkoholischen Beeinflussung auffällig wurden.

Außerdem ist von Alkoholmissbrauch auszugehen, wenn Sie mit einer erheblichen Alkoholkonzentration angetroffen wurden.

Schließlich und endlich spricht man auch dann von Missbrauch, wenn sich aus Ihrem polizeilichen Führungszeugnis beziehungsweise einem Auszug aus Ihrem Verkehrszentralregister ergibt, dass Sie mehrfach nicht in der Lage waren, Autofahren und Alkohol voneinander zu trennen, und es insoweit zu Straßenverkehrsdelikten gekommen ist.

Ist also die Fahrerlaubnis entzogen, stellt sich für Sie das Problem: Wie überzeuge ich den Prüfer tatsächlich, dass ich zum Führen von Kraftfahrzeugen geeignet bin? Sie müssen den MPU-Gutachter davon überzeugen, dass Sie Ihr Trinkverhalten geändert haben.

Von einer derartigen Verhaltensänderung ist dann auszugehen, wenn Sie durch plausible Erklärung dem MPU-Gutachter gegenüber nachweisen und glaubhaft machen können, dass Sie jetzt und zukünftig nur noch kontrolliert Alkohol trinken, um auf diese Art und Weise sicherzustellen, dass Sie nicht Alkohol trinken, wenn Sie noch ein Kraftfahrzeug führen müssen.

Mein Tipp: Beschränken Sie sich nicht darauf, dem Gutachter nur einsilbig zu erklären, dass Sie zukünftig nicht wieder Alkohol trinken, wenn Sie noch Auto fahren müssen. Dies alleine ist nicht ausreichend! Seien Sie nicht maulfaul! Erzählen Sie Ihre Geschichte!! Nur dann, wenn Sie dem Gutachter plausibel Ihre Motive nennen und auch plausibel rüberbringen, wie Sie zuverlässig und gründlich sicherstellen wollen, nicht mit Alkohol im Straßenverkehr angetroffen zu werden, wirken Sie überzeugend. Erzählen Sie Ihre ganze Geschichte! Erzählen Sie, dass Sie zukünftig von vornherein, wenn Sie wissen, dass gefeiert wird und Alkohol getrunken wird, Ihr Auto zu Hause stehen lassen. Erzählen Sie, dass Sie zukünftig von vornherein mit dem Taxi oder Freunden zu Festivitäten fahren, um auf diese Art und Weise sicherzustellen, nicht wieder mit dem Gesetz in Konflikt zu kommen und Gefahr zu laufen, den Führerschein zu verlieren.

Schildern Sie Ihre Vermeidungsstrategien.

Alternativ hierzu können Sie tatsächlich auch Ihre Alkoholabstinenz glaubhaft machen. Hierzu kann ich Ihnen allerdings nur dann raten, wenn Sie tatsächlich abstinent sind. Hierzu sollten Sie aber auch Motive haben! Auch hier gilt: Lassen Sie sich bloß nicht einfallen, dem Prüfer gegenüber zu erklären, dass Sie nie wieder etwas trinken. Warum sollten Sie dies tun, wenn Sie gar kein Alkoholproblem hatten? Hand aufs Herz. Ein schönes Glas Rotwein oder ein spritziger Prosecco – das war doch was! Warum sollten Sie also auf den Genuss verzichten, wenn der Genuss für Sie früher kein Problem war?

Schildern Sie dann dem MPU-Gutachter bitte aber auch **ausführlich**, warum Sie jetzt nicht mehr trinken. Zu einer alkoholischen Abstinenz ist Ihnen in jedem Fall dann zu raten, wenn Sie zum einen als Wiederholungstäter einzustufen sind oder aber durch entsprechende Instrumentarien nicht in der Lage sind, den Alkoholkonsum zu kontrollieren. Insbesondere dann, wenn Sie auch unter dem Einfluss von Alkohol zur Aggressivität oder zu Straftaten neigen.

Der Prüfer wird testen, ob Ihre Verhaltensänderung im Umgang mit Alkohol stabil und Ihre an den Tag gelegte Motivation nachvollziehbar ist.

Hier haben Sie die besten Chancen, ein geändertes Trinkverhalten plausibel rüberzubringen, wenn Sie dem Gutachter zum Beispiel Ihr neu hinzuerworbenes Wissen um das Thema Alkohol vermitteln. Der Prüfer möchte sehen, dass Sie tatsächlich in der Lage sind, alkoholische Mengen auch zu berechnen und richtig einzuschätzen. Nur derjenige, der um die Gefahr des Alkohols weiß, kann sich auch davor schützen.

Mein Tipp: Prägen Sie sich sorgfältig ein, welche Alkoholgrammmengen in einem Glas Bier, einem Glas Wein, einem Whisky enthalten sind. Überzeugen Sie durch Wissen!

Lassen Sie den Prüfer auch erkennen, dass Sie sich Gedanken darüber gemacht haben, in welchen Zeiträumen Alkohol abgebaut wird. Scheuen Sie nicht davor, hier mit Zahlen und Wissen zu glänzen. Nur derjenige, der dem MPU-Gutachter nachvollziehbar und plausibel erläutern kann, dass er den Konsum von Alkohol richtig einzuordnen weiß, wird eine Chance haben, den Führerschein wieder zu bekommen.

Die »Erfahrungsbildung« sollte wenigstens sechs Monate andauern. Während dieser Zeit hat sich für den Gutachter nachvollziehbar ihre Verhaltensänderung verfestigt, und Sie haben sich an die Verhaltensänderung auch gewöhnt. Darum geht es!

Sie müssen in der Lage sein zu vermitteln, dass Ihr früher gelebtes und nun geändertes Trinkverhalten nicht mehr als eine Belastung erlebt wird. Nur dann, wenn Sie eine freiwillige Selbstkontrolle nicht mehr als Last empfinden, sondern dem Prüfer berichten können, was sich in Ihrem Leben alles zu Ihrem Vorteil verändert hat, können Sie damit rechnen, dass er

Ihnen auch glaubt, dass Sie jetzt eine geänderte Haltung gegenüber Alkohol eingenommen haben.

Begleitet werden muss diese Schilderung natürlich durch einwandfrei dokumentierte Nachweise für die Alkoholabstinenz.

Es ist doch klar: Wenn Sie beim Prüfer mit einem Tremor auflaufen, wird er Sie nicht ernst nehmen (können).

Dies erscheint zwar dem Grunde nach selbstverständlich, ist es offensichtlich aber nicht.

(2) Drogenkonsumenten

Für Drogenkonsumenten gilt: Sie müssen deutlich machen, dass Sie Vermeidungsstrategien aufgebaut haben, die Gewähr dafür bieten, tatsächlich auch »zu funktionieren«, und die mindestens sechs Monate bei Cannabis und ein Jahr bei harten Drogen andauern.

Da es nun einmal eine weit verbreitete Tatsache ist, dass wir versuchen, unseren Mitmenschen zu gefallen und sie zu beeindrucken, werden Sie also wieder – zumindest stehen Sie in dem Verdacht – Drogen zu sich nehmen, um sich als angeblich sozial adäquat zu fühlen.

Wenn Sie also auf eine Party gehen, werden Sie wieder eine »Line« ziehen oder sich in den Kreis der Tütchenraucher gesellen. Es ist ja auch so schön.

Wenn Sie sich als jetzt aber plötzlich gänzlich abstinent bezeichnen, dann müssen Sie hier verdammt gute Gründe haben. Nennen Sie diese Gründe. Schildern Sie diese Gründe plausibel und ausführlich, und teilen Sie dem Prüfer mit, warum und wieso Sie sich dazu entschlossen haben, zukünftig abstinent zu sein. Anders als beim Alkohol wird in Deutschland in der Regel das Konsumieren von Drogen nicht toleriert. Zwar ist der Konsum von Methamphetamin im Straßenverkehr nicht sanktionierbar. Ja, es klingt geradezu irrsinnig: Sie dürfen

Methamphetamin zu sich nehmen, ohne dass Sie hierfür nach § 24 a StVG bestraft werden können. (Wenn sich allerdings das Methamphetamin verstoffwechselt hat und daraus das Amphetamin geworden ist, sieht die Sache gleich schon wieder ganz anders aus – zumindest bemüht sich das Bayerische Oberlandesgericht darum.)

4. Zusammenfassung

Zusammenfassend bleibt festzustellen, dass der Prüfer von Ihnen wissen möchte, weshalb Sie gefahren sind, obwohl Sie dies eigentlich nicht hätten dürfen. Er will darüber hinaus von Ihnen wissen, wie Sie sich gefühlt haben. Je ehrlicher Sie hierbei sind, umso besser. Es ist nicht angezeigt, mit Ausflüchten zu kommen! Abgeurteilt sind Sie. Das Urteil ist rechtskräftig. Deswegen sind Sie jetzt in dieser Situation. Wenn Sie dem Prüfer hier also jetzt noch irgendwelche Märchen erzählen, ist dies absolut fehl am Platz. Sie müssen dem Prüfer wahrheitsgemäß berichten, weshalb Sie gefahren sind. Beispiel: »Ich bin gefahren, weil ich einfach gedacht hatte, dass wird schon gut gehen. Ich bin aus Bequemlichkeit gefahren. Ich habe gedacht, mich erwischt keiner.« Das sind nachvollziehbare und plausible Erklärungen für ein Fehlverhalten. Diese nachvollziehbaren und plausiblen Erklärungen sind allerdings zukünftig im Sinne einer Vermeidungsstrategie beherrschbar, mithin vermeidbar. Darauf ist unser Augenmerk zu lenken! Außerdem haben Sie Ihre Abstinenz zu dokumentieren.

V.

Anfechtung von Gutachten

1. Der Klageweg

Nun ist das Kind in den Brunnen gefallen. Sie sind bereits einmal durchgefallen. Sie ärgern sich. All das ist nachvollziehbar. Geklärt werden muss jedoch, worüber Sie sich ärgern. Ärgern Sie sich über den Gutachter, ärgern Sie sich über sich, ärgern Sie sich darüber, dass Sie für das Gutachten sinnlos Geld rausgeschmissen haben?

Wenn Sie der Meinung sind, dass der Gutachter einen Fehler gemacht hat, so stellt sich als Nächstes die Frage, ob Sie gerichtlich gegen das Gutachten vorgehen können. Wie aber geht das? Geht das überhaupt? Und wenn ja, wie will man denn um alles in der Welt einen Fehler eines Gutachtens ermitteln, wenn man es selbst noch nicht einmal richtig versteht? Gibt es denn überhaupt Ansatzpunkte, das Gutachten zu knacken?

Es gibt sie. Man muss wissen, dass Begutachtungsleitlinien zur Kraftfahrereignung erarbeitet wurden. Diese Begutachtungsleitlinien beinhalten ein Prüfungsschema, welches eine Transparenz ermöglicht, mithin eine Überprüfbarkeit.

Dies erscheint verständlich bei einer »häufig unterstellten ›Machtfülle‹ der ärztlichen und psychologischen Gutachter« (so wörtlich Begutachtungsleitlinien zur Kraftfahrereignung, Kommentar, 2. Auflage, S. 19).

Es muss einem Gericht möglich sein, ein Gutachten auf seine Plausibilität hin zu überprüfen. Das Gericht muss entscheiden können, ob es dem Gutachten folgt oder nicht. Denn im Rahmen dieser Entscheidung muss das Gericht abwägen zwischen den Ansprüchen der Öffentlichkeit auf Schutz und Sicherheit im Straßenverkehr auf der einen Seite und dem subjektiven Ziel des Kraftfahrers auf unmittelbare Wiederherstellung seiner Mobilität auf der anderen Seite, also Ihrer Berechtigung, am Straßenverkehr wieder teilnehmen zu können.

Schnell wurde daher der Ruf nach einem Qualitätsmanagementsystem (QM-System) laut. In einem solchen QM-System werden die organisatorischen Rahmenbedingungen erfasst, Qualitätsstandard sowie Art und Anzahl der Kontrollen niedergelegt. Diese Transparenz dient gleichzeitig als elementares Instrument in zweierlei Hinsicht: Zum einen ermöglicht es, eine Vergleichbarkeit der Gutachten zu erreichen, zum anderen ermöglicht es dem Begutachteten, aufgrund der Leitlinien die Qualität des Gutachtens zu überprüfen.

So gilt es zwischenzeitlich unter den Psychologen als anerkannt, dass alleine persönliche Fachkompetenz, nachgewiesene Qualifikationen, Promotions- oder sonstige Titel wie auch Hinweise auf das eigene Institut nicht genügen, um jeden Zweifel an einem Gutachten zu beseitigen. Es muss objektivierbar sein. Daher gibt es ein für Gutachten einheitliches Gliederungsschema.

I. Anlass und Fragestellung der Untersuchung

II. Überblick über die Vorgeschichte
Aktenübersicht
Begründung der Eignungsbedenken
Voraussetzung für eine günstige Prognose
(Darlegung der zu prüfenden Hypothesen)

III. Untersuchungsbefunde

(1) Verkehrsmedizinische Untersuchungsbefunde: methodische Darstellung, Befunde; Anamnese, körperlicher Befund, Laboranalytik
(2) Verkehrspsychologische Untersuchungsbefunde: Darstellung der Methoden, Befunde; Explorationsgespräch, Leistungstest, Fragebogenverfahren
(3) Auswertung und Bewertung der Befunde
(4) Zusammenfassung, Beantwortung des Gutachtenauftrags

Alleine dieses Prüfungsschema wird aber relativ wenig helfen, wenn das Gutachten von niemandem verstanden werden kann. Deshalb gibt es weitere Anforderungen gemäß Fahrerlaubnisverordnungen (infolge FeV) (Anlage 15 Absatz 2).

2. Allgemeine Anforderungen an das Gutachten

In der Anlage 15 FeV, »Grundsätze für die Durchführung der Untersuchungen und die Erstellung der Gutachten« (Anlage zu § 11 Absatz 5 und § 66 FeV), sind die Anforderungen an die Qualität der Gutachten konkret geregelt, soweit es den ärztlichen und den medizinisch-psychologischen Gutachtenteil anbelangt.

An dieser Vorschrift sind medizinisch-psychologische Gutachten zu messen.

Gutachten sind nur dann geeignet, wenn sie auch den Qualitätsmerkmalen entsprechen. Andernfalls wäre ein Gutachten nicht überprüfbar, und ein Gericht könnte keine Entscheidung stützen, wenn das Gutachten nicht ganz konkrete und verobjektivierbare Anhaltspunkte für eine entsprechende Entscheidung bietet.

a) Verständlichkeit des Gutachtens

Es liegt auf der Hand, dass ein Gutachten nur dann ohne weiteres Verwendung finden kann, wenn es auch verständlich geschrieben ist.

Der Gutachter ist daher aufgrund der Begutachtungsleitlinien gehalten, Fachchinesisch zu vermeiden. So gibt es sogar eine Empfehlung, Fachausdrücke zu vermeiden, wo dies ohne Informationsverlust möglich sei (vgl. hierzu Begutachtungsleitlinien zur Kraftfahreignung, a. a. O., S. 21).

b) Nachvollziehbarkeit

Ein Richter oder die Fahrerlaubnisbehörde kann natürlich ein Gutachten nur dann verwerten, wenn er/sie es auch nachvollziehen kann. Dies bedeutet, dass die Ausführungen des Sachverständigen in sich verständlich und stringent sein müssen. Mit anderen Worten: Das Gutachten muss schlicht und ergreifend nachvollziehbar sein. Nur dann, wenn man in einem Gutachten aufgrund der festgestellten Tatsachen zu einem Ergebnis kommt, das auch nachvollziehbar ist, kann auch wiederum der Mitarbeiter der Fahrerlaubnisbehörde oder ein Richter hierauf seine Entscheidung stützen.

Tipp: Überprüfen Sie das Gutachten dahin gehend, ob beispielsweise die Sachverhalte in dem Gutachten wiedergegeben worden sind (egal, ob sie nun richtig sind oder nicht). Wenn sich aus dem Gutachten nicht ergibt, warum der Gutachter zu einer negativen Einschätzung gekommen ist, dann ist es nicht verwertbar, mithin angreifbar, und die Fahrerlaubnisbehörde kann hierauf auch keine Entscheidung stützen. Sie als Kraftfahrer haben einen Anspruch darauf, dass Sie nicht nur ordnungsgemäß begutachtet werden, sondern dass auch das Ergebnis dieser Begutachtung ordnungsgemäß und vor allen Dingen nachvollziehbar niedergelegt wird.

c) Nachprüfbarkeit

Damit sind wir beim entscheidenden Punkt: Nur dann, wenn auch das Gutachten nachvollziehbar ist, können die Gutachtenschlüsse überprüft werden. Und die Überprüfbarkeit des Gutachtens ist ein ganz entscheidendes Kriterium.

Unterlässt es der Gutachter, die Untersuchungsverfahren zu erwähnen, die zu dem jeweiligen Befund geführt haben, so ist das Gutachtenergebnis nicht nachvollziehbar. Nichts anderes kann gelten, wenn Quellen nicht genannt werden, auf die sich das Gutachten für eine spezielle Einschätzung (es kann hier natürlich keine überzogene Anforderung gestellt werden) stützt. Es kann von einem Gutachter nicht erwartet werden, im Einzelnen die wissenschaftlichen Grundlagen für seine Erhebungen und Interpretationen wiederzugeben (vgl. Anlage 15 FeV).

d) Vollständigkeit

Es liegt auf der Hand, dass ein Gutachten natürlich auch nur dann verwertbar ist, wenn sich die Überprüfbarkeit auf ein vollständiges Gutachten bezieht.

Sie können natürlich nicht erwarten, dass alle Ihre Äußerungen in dem Gutachten Eingang finden. Der Gutachter hat entsprechend der gesetzlichen Regelung die Verpflichtung, die **wesentlichen Punkte** in sein Gutachten aufzunehmen.

Ein Gutachten, das alle Nebensächlichkeiten mitberücksichtigt, wäre geradezu nicht mehr lesbar. In der Anlage 15 Absatz 2 b FeV wird daher auch auf den Auswahlprozess ausdrücklich hingewiesen.

3. Zusammenfassung

Wenn Sie also nach den voranstehenden Kriterien meinen, einen Fehler in der Begutachtung erkennen zu können, sprechen Sie mit Ihrem Anwalt. Mit Ihrem Gutachter können Sie in den seltensten Fällen noch darüber sprechen, weil er das Gutachten nicht unmittelbar Ihnen überreicht, sondern es Ihnen erst zuschickt, nachdem er es abdiktiert hat.

Das Ergebnis jedoch ist selbst für den Fall, dass das Gutachten unverwertbar sein sollte, ernüchternd: Dies bringt Sie noch nicht automatisch Ihrem Führerschein näher. Sie müssen entsprechend den gesetzlichen Regelungen Ihre Fahreignung nachweisen.

Dies wird in der Regel durch ein medizinisch-psychologisches Gutachten erfolgen, sodass sich der Kreis hier wieder schließt. Etwas Gutes hätte es allerdings: Sofern Sie sich mit dem Gutachter auseinander setzen, haben Sie einen wichtigen Schritt getan: Sie beginnen eine intellektuelle Auseinandersetzung mit den Hauptkriterien, die zur Führerscheinentziehung geführt haben, aufzunehmen. **Wenn** das ein wichtiger und richtiger Schritt ist!

VI.

Die ausländische Fahrerlaubnis

Mehr als einmal die Woche werde ich von besorgten Mandanten gefragt, ob man denn mit einer ausländischen Fahrerlaubnis »weiterkäme«. Manche haben, wenn sie mich aufsuchen, aus so genannten »Fachzeitschriften« kleine Ausschnitte mitgebracht – entweder rausgerissen oder fein säuberlich ausgeschnitten – und wollen wissen, ob der tschechische Führerschein, den sie schon für 1000 Euro bekommen könnten, ihnen auch in Deutschland weiterhilft. Sie wollen wissen, ob in einer Polizeikontrolle der ausländische Führerschein den prüfenden Blicken und der Überprüfung des Polizeibeamten standhält.

Wir diskutieren diese Frage hier, weil Sie sich sicherlich auch schon Gedanken darüber gemacht haben, ob Sie die lästige MPU umgehen können, wenn Sie sich einfach eine ausländische Fahrerlaubnis kaufen. Im Weiteren werden in diesem Zusammenhang zahlreiche Unterscheidungen zu machen sein.

Wir sollten dieser Frage auch die entsprechende Aufmerksamkeit widmen, denn in der Vergangenheit sind zahlreiche Inhaber ausländischer Fahrerlaubnisse bitterböse eingebrochen. Bis sich die Erkenntnis durchgesetzt hat, dass eine solche in Teilbereichen anzuerkennen ist, tat sich nach einer Kontrolle häufig ein nicht unerhebliches Ungemach auf. Für die Leser, die es ganz eilig haben, sei hier gesagt, dass derjenige, dessen Sperre noch nicht abgelaufen ist, auch mit einer ausländischen Fahrerlaubnis in Deutschland nicht weiterkommt.

Anders verhält es sich mit denjenigen, deren Sperre abgelaufen ist und die nur die MPU nicht gemacht haben oder nicht geschafft haben.

Die Bundesrepublik Deutschland darf als Mitglied der Europäischen Union nicht nur deutsches Recht anwenden, sondern muss auch europäisches Recht beachten.

Von Bedeutung sind hier im Wesentlichen zwei Entscheidungen des EuGH – zum einen das Urteil vom 29. April 2004 – C-476/0 – und zum anderen der Beschluss des EuGH vom 6. April 2006 – C-227/05. Diese sollen nunmehr kurz dargestellt werden.

1. Urteil des EuGH vom 29. April 2004

In dieser Entscheidung war dem deutschen Staatsbürger Herrn K. mit Wohnsitz in Deutschland die Fahrerlaubnis hier im Land entzogen worden. Es war eine Sperrfrist von neun Monaten verhängt worden. Nach Ablauf dieser Sperrfrist wurde Herrn K. in den Niederlanden ein neuer Führerschein ausgestellt, obgleich er dort keinen Wohnsitz gehabt haben soll. Dieser Führerschein wurde ihm hier in Deutschland nicht anerkannt.

Das Amtsgericht Frankenthal verhängte gegen Herrn K. eine Geldstrafe, weil er in Deutschland ein Kfz ohne gültige Fahrerlaubnis geführt haben soll. Im Rahmen eines von Herrn K. eingeleiteten Einspruchsverfahrens gegen diese Geldstrafe fragt sich das Amtsgericht, ob die Regelungen in der deutschen Fahrerlaubnisverordnung (im Folgenden FeV) mit der Richtlinie 91/439 vereinbar sind.

Aus diesem Grund hat das Amtsgericht das Verfahren ausgesetzt und dem EuGH folgende Frage zur Auslegung von Artikel 1 Absatz 2 der Richtlinie 91/439 des Rates vom 29. Juli 1991 über den Führerschein (ABIEG Nr. L 237, S. 1) in der Fassung der Richtlinie 97/26/EG des Rates vom 2. Juni 1997 (ABIEG Nr. L 150, S. 41) zur Vorabentscheidung vorgelegt:

Verbietet es Artikel 1 Absatz 2 der Richtlinie 91/439 einem Mitgliedstaat, einem Führerschein die Anerkennung dann zu versagen, wenn nach seinen Ermittlungen ein anderer Mitgliedstaat diesen ausgestellt hatte, obwohl der Führerscheininhaber dort nicht seinen ordentlichen Wohnsitz hatte, und kommt der vorgenannten Vorschrift gegebenenfalls insoweit konkrete Wirkung zu?

Diese Vorlagefrage hat der EuGH wie folgt umformuliert und in zwei Abschnitte geteilt:

Das vorliegende Gericht möchte erstens im Wesentlichen wissen, ob Artikel 1 Absatz 1 in Verbindung mit Artikel 7 Absatz 1 b und Artitel 9 der Richtlinie 91/439 so auszulegen ist, dass ein Mitgliedstaat einen von einem anderen Mitgliedstaat ausgestellten Führerschein die Anerkennung nicht deshalb versagen darf, weil nach dem ihn vorliegenden Informationen der Führerscheininhaber zum Zeitpunkt der Ausstellung des Führerscheins seinen ordentlichen Wohnsitz im Hoheitsgebiet dieses Mitgliedstaates und nicht im Hoheitsgebiet des ausstellenden Mitgliedstaates gehabt hat.

Zweitens möchte das vorliegende Gericht wissen, ob Artikel 1 Absatz 2 in Verbindung mit Artikel 8 Absatz 4 der Richtlinie 91/439 so auszulegen ist, dass ein Mitgliedstaat die Anerkennung der Gültigkeit eines von einem anderen Mitgliedstaat ausgestellten Führerscheins nicht deshalb ablehnen darf, weil im Hoheitsgebiet des erstgenannten Mitgliedstaates auf den Inhaber des Führerscheins eine Maßnahme des Entzugs oder der Aufhebung einer von diesem Staat erteilten Fahrerlaubnis angewendet wurde, wenn die zusammen mit dieser Maßnahme angeordnete Sperrfrist für die Neuerteilung der Fahrerlaubnis in diesem Mitgliedstaat abgelaufen war, bevor der Führerschein von dem anderen Mitgliedstaat ausgestellt worden ist.

Der Gerichtshof hat, wie aus den Leitsätzen 1 und 2 ersichtlich, entschieden:

I.
Artikel 1 Absatz 2 in Verbindung mit Artikel 7 Absatz 1 b und Artikel 9 der Richtlinie 91/439/EWG des Rates vom 29. Juli 1991 über den Führerschein in der Fassung der Richtlinie 97/26/EG des Rates vom 2. Juli 1997 ist so auszulegen, dass ein Mitgliedstaat einem von einem anderen Mitgliedstaat ausgestellten Führerschein die Anerkennung nicht deshalb versagen darf, weil nach den ihm vorliegenden Informationen der Führerscheininhaber zum Zeitpunkt der Ausstellung des Führerscheins seinen ordentlichen Wohnsitz im Hoheitsgebiet dieses Mitgliedstaates und nicht im Hoheitsgebiet des ausstellenden Mitgliedstaates gehabt hat.

II.
Artikel 1 Absatz 1 in Verbindung mit Artikel 8 Absatz 4 der Richtlinie 91/439 ist so auszulegen, dass ein Mitgliedstaat die Anerkennung der Gültigkeit eines von einem anderen Mitgliedstaat ausgestellten Führerscheins nicht deshalb ablehnen darf, weil im Hoheitsgebiet des erstgenannten Mitgliedstaates auf den Inhaber des Führerscheins eine Maßnahme des Entzugs oder der Aufhebung einer von diesem Staat erteilten Fahrerlaubnis angewendet wurde, wenn die zusammen mit dieser Maßnahme angeordnete Sperrfrist für die Neuerteilung der Fahrerlaubnis in diesem Mitgliedstaat abgelaufen war, bevor der Führerschein von einem anderen Mitgliedstaat ausgestellt worden ist.

Zur Begründung hat der Gerichtshof zur ersten Vorlagefrage ausgeführt, dass Artikel 1 Absatz 2 der Richtlinie 91/439 nach ständiger Rechtsprechung die gegenseitige Anerkennung der von den Mitgliedstaaten ausgestellten Führerscheine ohne jede Formalität vorsieht (Urteile Skanavi und Chrysanthakopoulos, Randnummer 26, sowie Awoyemi, Randnummer 41). Dieser Grundsatz der gegenseitigen Anerkennung der Führerscheine verbiete es dem Aufnahmemitgliedstaat, bei einer in seinem Hoheitsgebiet vorgenommenen Straßenverkehrskontrolle die Anerkennung eines Führerscheins, der dem Führer eines Kfz von einem anderen Mitgliedstaat ausgestellt wurde, mit der Begründung zu verweigern, dass der Inhaber des Führerscheins nach den Informationen, über die der Aufnahmemitgliedstaat verfügt, zum Zeitpunkt der Ausstellung des Führerscheins seinen ordentlichen Wohnsitz im Hoheitsgebiet dieses Mitgliedstaates und nicht im Hoheitsgebiet des Ausstellungsstaates gehabt habe (Beschluss vom 11. Dezember 2003 in der Rechtssache C-408/02, Silva Carvalho). Da die Richtlinie 91/439 dem Ausstellungsmitgliedstaat eine ausschließliche Zuständigkeit verleihe, sich zu vergewissern, dass die Führerscheine unter Beachtung der in Artikel 7 Absatz 1 b und Artikel 9 dieser Richtlinie vorgesehenen Wohnsitzvoraussetzung ausgestellt werden, sei es allein Sache dieses Mitgliedstaates, geeignete Maßnahme in Bezug auf diejenigen Führerscheine zu ergreifen, bei denen sich nachträglich herausstellt, dass ihre Inhaber diese Voraussetzungen nicht erfüllt haben. Hat ein Aufnahmemitgliedstaat ernsthafte Gründe, die Ordnungsmäßigkeit eines oder mehrerer von einem anderen Mitgliedstaat ausgestellter Führerscheine zu bezweifeln, so habe er dies dem anderen Mitgliedstaat im Rahmen der gegenseitigen Unterstützung und des Informationsaustauschs mitzuteilen.

Zur Begründung der zweiten Vorlagefrage führt der Gerichtshof aus, dass die Nichtanerkennung der Gültigkeit eines von einem anderen Mitgliedstaat ausgestellten Führerscheins, wenn auf dessen Inhaber eine Maßnahme der Einschränkung, der Aussetzung, der Entziehung oder der Aufhebung der Fahrerlaubnis angewendet wurde, eine Ausnahme von dem Grundsatz der gegenseitigen Anerkennung der von den Mitgliedstaaten ausgestellten Führerscheine darstelle.

Der Grundsatz der gegenseitigen Anerkennung der Führerscheine sei aufgestellt worden, um die Freizügigkeit von Personen zu erleichtern, die sich in einem anderen Mitgliedstaat als demjenigen niederlassen, in dem sie ihre Fahrprüfung abgelegt haben. Daher hätten die Regelungen über die Ausstellung und die gegenseitige Anerkennung der Führerscheine durch die Mitgliedstaaten sowohl unmittelbaren als auch mittelbaren Einfluss auf die Ausübung der Rechte, die durch die Bestimmungen des Vertrags über die Freizügigkeit der Arbeitnehmer, die Niederlassungsfreiheit und den freien Dienstleistungsverkehr gewährleistet werden. Aus diesem Grund seien Abweichungen vom Grundsatz der gegenseitigen Anerkennung der Führerscheine eng auszulegen. Als Folge dieser engen Auslegung kann sich ein Mitgliedstaat nicht auf Ausnahmen vom Grundsatz der gegenseitigen Anerkennung der Führerscheine berufen, um einer Person, auf die in seinem Hoheitsgebiet eine Maßnahme des Entzugs oder der Aufhebung einer früher von ihm erteilten Fahrerlaubnis angewendet wurde, auf unbestimmte Zeit die Anerkennung der Gültigkeit eines Führerscheins zu versagen, der ihr möglicherweise später von einem anderen Mitgliedstaat ausgestellt wird. Ist insbesondere eine angeordnete Sperrfrist für die Neuerteilung der Fahrerlaubnis im Hoheitsgebiet eines Mitgliedstaates bereits abgelaufen, so verbiete es Artikel 1 Absatz 1 in Verbindung mit Artikel 8 Absatz 4 der Richtlinie 91/439 diesem Mitgliedstaat, weiterhin die Anerkennung der Gültigkeit eines Führerscheins, der dem Betroffenen später von einem anderen Mitgliedstaat ausgestellt worden ist, abzulehnen.

Gegen diese Schlussfolgerung lasse sich nicht einwenden, dass die anwendbaren nationalen Vorschriften, insbesondere § 28 FeV 1999, gerade darauf abzielen, die zeitlichen Wirkungen einer Maßnahme der Entziehung oder der Aufhebung einer früheren Fahrerlaubnis auf unbestimmte Zeit zu verlängern und den deutschen Behörden die Zuständigkeit für die Neuerteilung der Fahrerlaubnis vorzubehalten.

2. Beschluss des EuGH vom 6. April 2006

Grundlage dieses Beschlusses war ein Rechtsstreit zwischen Herrn H., einem in Deutschland wohnhaften Staatsangehörigen, und dem Freistaat Bayern.

Herrn H. wurde mit rechtskräftigem Urteil des Amtsgerichts Ansbach vom 13. Juni 1996 die Fahrerlaubnis entzogen und eine Sperrfrist von 18 Monaten auferlegt. Diese Sperrfrist lief am 20. Dezember 1997 ab. Bis zu diesem Datum war Herrn H. der Erwerb einer neuen Fahrerlaubnis untersagt worden. Anschließend verlegte Herr H. aus beruflichen Gründen seinen Wohnsitz nach Österreich. Am 18. Juni 2002, und damit nach Ablauf der Sperrfrist, erhielt er einen österreichischen Führerschein. Zuvor unterzog er sich in Österreich einer medizinischen und einer psychologischen Begutachtung zum Nachweis seiner Fahreignung.

Im Juli 2003 beantragte Herr H., der nun wieder in Deutschland wohnte, beim Landratsamt München die Umschreibung seiner österreichischen Fahrerlaubnis in eine deutsche. Dieser Antrag wurde so aufgefasst, dass nach § 28 Absatz 5 FeV das Recht begehrt werde, von der österreichischen Fahrerlaubnis im deutschen Hoheitsgebiet Gebrauch zu machen.

Das Landratsamt München vertrat den Standpunkt, dass der österreichische Führerschein von Herrn H. nach § 28 IV Nummer 3 FeV in Deutschland nicht anerkannt werden könne, da ihm in diesem Mitgliedstaat die Fahrerlaubnis entzogen worden sei. Im Laufe des Verwaltungsverfahrens forderte es unter Verweis auf unter anderem § 11 II und II Nummer 5 Buchstabe b FeV von Herrn H. die Beibringung eines medizinisch-psychologischen Gutachtens, das seine Fahreignung belege. Die zuständigen österreichischen Behörden legten dem Landratsamt München am 9. September 2003 eine am 3. April 2002 vom Kuratorium für Verkehrssicherheit Tirol erstellte medizinisch-psychologische Stellungnahme vor, in der bescheinigt wurde, dass Herr H. aus psychologischer Sicht zum Lenken von Kraftfahrzeugen geeignet sei.

Mit Bescheid vom 16. Oktober 2003 lehnte das Landratsamt München den Antrag des Herrn H. dennoch mit der Begründung ab, dass die seit der Entziehung der deutschen Fahrerlaubnis bestehenden Zweifel an seiner Fahreignung nur durch ein nach den in Deutschland geltenden Normen erstelltes und positiv ausgefallenes medizinisch-psychologisches Gutachten ausgeräumt werden könnten. Gegen diese Entscheidung des Landratsamts klagte Herr H. vor dem Bayerischen Verwaltungsgericht München. Dieses fragte sich, ob das Urteil des EuGH vom 29. April 2004 so zu verstehen sei, dass ein Mitgliedstaat auch dann nicht befugt ist, die Fahreignung einer Person, der in einem anderen Mitgliedstaat eine andere Fahrerlaubnis erteilt wurde, nach seinen innerstaatlichen Vorschriften erneut zu überprüfen, wenn die Fahrerlaubnis ihrem Inhaber in dem erstgenannten Mitgliedstaat unter Verhängung einer Sperrfrist entzogen wurde.

Aus diesem Grund hat das Bayerische Verwaltungsgericht München das Verfahren ausgesetzt und dem EuGH folgende Frage zur Vorabentscheidung vorgelegt:

1. *Ist Artikel 1 Absatz 2 in Verbindung mit Artikel 8 Absatz 2 und 4 der Richtlinie 91/439/EWG so auszulegen, dass ein Mitgliedstaat in seinem Hoheitsgebiet die Fahrberechtigung nach Maßgabe eines von einem anderen Mitgliedstaat ausgestellten Führerscheins auch dann nicht ablehnen darf, wenn im Hoheitsgebiet des erstgenannten Mitgliedstaates auf den Inhaber des Führerscheins eine Maßnahme des Entzugs oder der Aufhebung einer von diesem Staat erteilten Fahrerlaubnis angewendet wurde, wenn die zusammen mit dieser Maßnahme angeordnete Sperrfrist für die Neuerteilung der Fahrerlaubnis in diesem Mitgliedstaat abgelaufen war, bevor der Führerschein von dem anderen Mitgliedstaat ausgestellt worden ist, und*
   a) *wenn das Recht des erstgenannten Mitgliedstaates davon ausgeht, dass die Fahreignung als materielle Voraussetzung für die Wiedererteilung der Fahrerlaubnis in Form einer nach innerstaatlichen Normen näher reglementierten medizinisch-psychologischen Begutachtung auf Anordnung der Behörde nachzuweisen ist (was bislang nicht geschehen ist), und/oder*

b) wenn nach innerstaatlichem Recht ein Anspruch auf Erteilung des Rechts besteht, von der nach Ablauf der Sperrfrist erteilten EU-Fahrerlaubnis im Gebiet des erstgenannten Mitgliedstaats Gebrauch zu machen, wenn die innerstaatlichen Gründe für die Entziehung oder die Sperre nicht mehr bestehen?

2. Ist Artikel 1 Absatz 2 in Verbindung mit Artikel 8 Absatz 2 und 4 der Richtlinie 91/439/EWG so auszulegen, dass einem Mitgliedstaat für den Fall der Beantragung der Erteilung einer Fahrerlaubnis an einen Inhaber einer Fahrerlaubnis aus einem anderen Mitgliedstaat gegen Aushändigung des Führerscheins des anderen Mitgliedstaats (so genannte »Umschreibung«) allein aufgrund der erfolgten Erteilung der EU-Fahrerlaubnis durch den anderen Mitgliedstaat eine weitere Prüfung der – nach seinem innerstaatlichem Recht als Erteilungsvoraussetzung vorgesehenen und im Einzelnen reglementierten – Eignung in Bezug auf Umstände, die bereits im Zeitpunkt der Erteilung der EU-Fahrerlaubnis bestanden haben, verwehrt ist?

Der Gerichtshof hat, wie aus den Leitsätzen 1 und 2 ersichtlich, entschieden:

1. Artikel 1 Absatz 2 in Verbindung mit Artikel 8 Absatz 2 und 4 der Richtlinie 91/439/EWG des Rates vom 29. Juli 1991 über den Führerschein in der Fassung der Richtlinie 97/26/EG des Rates vom 2. Juni 1997 verwehrt es einem Mitgliedstaat, das Recht zum Führen eines Kraftfahrzeugs aufgrund eines in einem anderen Mitgliedstaat ausgestellten Führerscheins und damit dessen Gültigkeit in seinem Hoheitsgebiet deshalb nicht anzuerkennen, weil sich sein Inhaber, dem in dem erstgenannten Staat eine vorher erteilte Fahrerlaubnis entzogen worden war, nicht der nach den Rechtsvorschriften dieses Staates für die Erteilung einer neuen Fahrerlaubnis nach dem genannten Entzug erforderlichen Fahreignungsprüfung unterzogen hat, wenn die mit diesem Entzug verbundene Sperrfrist für die Erteilung einer neuen Fahrerlaubnis abgelaufen war, als der Führerschein in dem anderen Mitgliedstaat ausgestellt wurde (EuGH).

2. *Artikel 1 Absatz 2 in Verbindung mit Artikel 8 Absatz 2 und 4 der Richtlinie 91/439 EWG in der Fassung der Richtlinie 97/26 EWG verwehrt es einem Mitgliedstaat, bei dem die Umschreibung eines in einem anderen Mitgliedstaat erworbenen gültigen Führerscheins in einen nationalen Führerschein beantragt wird, unter Umständen wie denen des Ausgangsverfahrens diese Umschreibung davon abhängig zu machen, dass eine erneute Untersuchung der Fahreignung des Antragstellers vorgenommen wird, die nach dem Recht des erstgenannten Mitgliedstaats zur Ausräumung entsprechender Zweifel aufgrund von Umständen erforderlich ist, die vor dem Erwerb des Führerscheins in dem anderen Mitgliedstaat bestanden (EuGH).*

Zur Begründung hat der Gerichtshof zur ersten Vorlagefrage ausgeführt, dass nach gefestigter Rechtsprechung Artikel 1 Absatz 2 der Richtlinie 91/439 EWG die gegenseitige Anerkennung der von den Mitgliedstaaten ausgestellten Führerscheine ohne jede Formalität vorsehe und damit den Mitgliedstaaten eine klare und unbedingte Verpflichtung auferlege, die keinen Ermessensspielraum in Bezug auf die Maßnahmen einräumt, die zu erlassen sind, um dieser Verpflichtung nachzukommen (Urteile vom 29. Oktober 1998 in der Rechtssache C-230/97, Awoyemi, vom 10. Juli 2003 in der Rechtssache C-246/00, Kommission Niederlande, sowie vom 9. September 2004 in der Rechtssache C-195/02, Kommission Spanien).

Der Grundsatz der gegenseitigen Anerkennung der Führerscheine, der den Schlussstein des mit der Richtlinie 91/439 EWG eingeführten Systems darstellt, würde geradezu negiert, hielte man einen Mitgliedstaat für berechtigt, die Anerkennung eines von einem anderen Mitgliedstaat ausgestellten Führerscheins unter Berufung auf seine nationalen Vorschriften unbegrenzt zu verweigern. Daraus folge, dass die Mitgliedstaaten vom Inhaber eines in einem Mitgliedstaat ausgestellten Führerscheins nicht verlangen können, dass er die Bedingungen erfüllt, die ihr nationales Recht für die Neuerteilung einer Fahrerlaubnis nach deren Entziehung aufstellt.

Auch hinsichtlich der zweiten Vorlagefrage verweist das Gericht erneut auf die klare und unbedingte Verpflichtung der Mitgliedstaaten, die von einem anderen Mitgliedstaat ausgestellten Führerscheine ohne jede Formalität anzuerkennen. Das Gericht stellt klar, dass der Antrag auf Umschreibung eines Führerscheins, der nach Ablauf der Sperrfrist für den Erwerb einer neuen Fahrerlaubnis in einem anderen Mitgliedstaat ausgestellt wurde, nicht von einer erneuten Überprüfung der Fahreignung des Antragstellers abhängig gemacht werden kann, auch wenn die nationalen Rechtsvorschriften aufgrund von Umständen, die zur Entziehung einer zuvor erworbenen Fahrerlaubnis geführt hatten, eine solche Prüfung vorschreiben, sofern diese Umstände vor der Ausstellung des neuen Führerscheins bestanden.

Diese Rechtsprechung des EuGH war bei den deutschen Juristen zunächst auf großen Widerstand gestoßen. Kritisiert wurde und wird im Wesentlichen, dass der EuGH die nationalen Rechtsvorschriften nicht beachte. Die Entscheidungen des EuGH verkennen, dass die materiellen Voraussetzungen für die Fahrerlaubniserteilung außerhalb des Regelungsbereichs der Richtlinie 91/439/EWG liegen und unter den Mitgliedstaaten bislang noch keine Harmonisierung stattgefunden hat. Es obliege daher dem jeweiligen nationalen Gesetzgeber zu bestimmen, unter welchen Bedingungen eine Wiedererlangung der Fahrerlaubnis erfolge. Hierüber könne sich auch der EuGH nicht hinwegsetzen. Es wurde und wird daher von den deutschen Juristen vertreten, dass trotz dieser Rechtsprechung des EuGH an den nationalen Anforderungen zur Erlangung, Anerkennung und Umschreibung von Fahrerlaubnis und Führerschein festgehalten werden sollte.

Da der EuGH allerdings in Kenntnis dieser Kritik an seiner Linie festhält, ist ein Umdenken in der deutschen Rechtsprechung zu konstatieren. So hat das Verwaltungsgericht Augsburg sich in einem Beschluss vom 29. Mai 2006 – Au 3 S 06.60 – den oben dargestellten Entscheidungen des EuGH angeschlossen.

Diesen Beschluss des Verwaltungsgerichts lag folgender Sachverhalt zugrunde:

Einem deutschen Staatsangehörigen, Herrn K., wurde mit Strafbefehl vom 11. Juli 2003 die Fahrerlaubnis entzogen, und die Verwaltungsbehörde wurde angewiesen, vor Ablauf von acht Monaten keine neue Fahrerlaubnis zu erteilen. Ein nach Ablauf der Sperrfrist bei der deutschen Straßenverkehrsbehörde gestellter Antrag auf Wiedererteilung der Fahrerlaubnis wurde nicht weiterverfolgt, als die Fahrerlaubnisbehörde die Beibringung eines medizinisch-psychologischen Gutachtens zur Klärung der Fahreignung verlangte. Herrn K. wurde zwischenzeitlich in Tschechien, nach Ablauf der in Deutschland verhängten Sperrfrist, eine erneute Fahrerlaubnis erteilt. Von der Fahrerlaubnis wollte Herr K. in Deutschland Gebrauch machen, doch dieses Recht wurde ihm mit behördlichem Bescheid aberkannt. Deshalb rief Herr K. das Verwaltungsgericht Augsburg an.

Das Verwaltungsgericht entschied mit folgendem Leitsatz:

Die nationalen Fahrerlaubnisbehörden dürfen auf die Inhaber von EU-Fahrerlaubnissen die nationalen Bestimmungen über die Fahreignung dann nicht anwenden, wenn sie sich ausschließlich auf solche Tatsachen stützen wollen, die vor Erteilung dieser Fahrerlaubnisse entstanden sind. Das gilt insbesondere für den Erwerb eines Führerscheins in einem anderen Mitgliedstaat nach vorangegangener Entziehung in Deutschland, wenn die Sperrfrist abgelaufen ist.

Zur Begründung führt das Gericht an, dass nach der jüngsten Rechtsprechung des EuGH Artikel 1 Absatz 2 der Richtlinie 91/439/EWG (»zweite Führerscheinrichtlinie«) die gegenseitige Anerkennung der von den Mitgliedstaaten ausgestellten Führerscheine ohne jene Formalität fordert und den Mitgliedstaaten damit eine klare und unbedingte Verpflichtung auferlegt, die keinen Ermessensspielraum in Bezug auf die Maßnahmen einräumt, die zu erlassen sind, um dieser Verpflichtung nachzukommen. Daher dürfen die deutschen Fahrerlaubnisbehörden den Inhaber einer in einem Mitgliedstaat der Europäischen Union erteilten Fahrerlaubnis wegen Tatsachen, die zwar Zweifel an der Fahreignung begründen, jedoch vor Erteilung dieser Fahrerlaubnis liegen, nicht zu Aufklärungsmaßnahmen nach innerstaatlichem Recht verpflichten. Die Mitgliedstaaten können vom Inhaber eines in einem anderen Mitgliedstaat ausgestellten Führerscheins nicht verlangen, dass er die Bedingungen erfüllt, die ihr nationales Recht für die Neuerteilung einer Fahrerlaubnis nach einer Entziehung aufstellt. Den Entscheidungen des EuGH seien keine Anhaltspunkte dafür zu entnehmen, dass die unbedingte Pflicht zur Anerkennung einer nach Ablauf der Sperrfrist in einem Mitgliedstaat der EU erworbenen Fahrerlaubnis davon abhängig ist, in welcher Form der ausstellende Staat die Fahreignung geprüft hat.

Abschließend stellt das Gericht fest, dass sich unter Beachtung oben genannter Grundsätze die Beibringung eines medizinisch-psychologischen Gutachtens im vorliegenden Fall als rechtswidrig erweist. Die Forderung widerspricht der unbedingten gegenseitigen Verpflichtung zur Anerkennung von durch Mitgliedstaaten der EU ausgestellten Führerscheinen. Somit durfte aus der nicht erfolgten Vorlage des Gutachtens nicht auf die fehlende Eignung zum Führen von Kraftfahrzeugen geschlossen werden.

Zusammenfassung

Zusammenfassend bleibt damit nun festzustellen: Sie können selbstverständlich mit einer ausländischen Fahrerlaubnis fahren. Diese muss in Deutschland auch anerkannt werden, was der EuGH mehrfach eindeutig klargestellt hat. Auch die deutsche Rechtsprechung beginnt sich nunmehr dem EuGH anzuschließen.

Unbedingte Voraussetzung für die Anerkennung eines Führerscheins in Deutschland ist: Die im EU-Ausland erworbene Fahrerlaubnis muss zwingend nach Ablauf einer in Deutschland verhängten Sperrfrist erworben worden sein. In diesem Fall dürfen Ihnen die deutschen Behörden keine weiteren Maßgaben, wie zum Beispiel die Durchführung des so genannten »Idiotentests«, vor der Anerkennung auferlegen.

Auf keinen Fall wird Ihnen aber eine im EU-Ausland erworbene Fahrerlaubnis anerkannt, wenn zur Zeit des Erwerbs in Deutschland eine Sperrzeit verhängt war.

VII.

Praktische Beispiele und Materialien

Nicht verschweigen möchte ich noch eine Möglichkeit, die Sie ergreifen können, wenn Sie in einem frühen Stadium dieses Buch gekauft haben, wenn nämlich noch kein rechtskräftiges Urteil gegen Sie ergangen ist.

Wenn Sie das Buch also zu einem Zeitpunkt gekauft haben, als noch das strafrechtliche Ermittlungsverfahren gegen Sie lief, dann haben Sie durchaus die Möglichkeit, im gerichtlichen Verfahren einiges zu retten. Üblicherweise läuft es so, dass nach dem Ermittlungsverfahren die Angelegenheit über die Staatsanwaltschaft dem Gericht zugeleitet wird, das entweder einen Strafbefehl herausschickt oder eine Anklageschrift versendet.

Beschuldigte, die mit dem Strafbefehl einverstanden sind, können ihn akzeptieren. Er wird dann rechtskräftig, ebenso wie sein Inhalt.

Die anderen, die damit nicht einverstanden sind, sind genau so gestellt wie diejenigen, die eine Anklageschrift erhalten: Es kommt zu einer mündlichen Verhandlung. Genau hierin liegt Ihre Chance!

Mit einem erfahrenen Strafverteidiger kann es Ihnen unter Umständen gelingen, die MPU zu umgehen, wenn Sie nämlich zwischen der Tat und der mündlichen Verhandlung ganz erheblich an sich gearbeitet haben und dies auch nachweisen können.

Wie Sie so etwas nachweisen sollen? Das ist ganz einfach! Wir haben bereits oben aufgezeigt, welche Möglichkeiten der Mitwirkung es gibt. Sie testen in regelmäßigen Abständen Ihre Leberwerte. Sie nehmen an zahlreichen psychologischen Beratungsgesprächen teil und können dies dokumentieren. Auch Therapiekurse haben Sie besucht, und Sie haben nunmehr insgesamt eine glaubwürdige und akzeptable Einstellung zum Alkohol beziehungsweise sinnvolle Vermeidungsstrategien entwickelt.

Wenn Sie also bereits zum Zeitpunkt der mündlichen Verhandlung nicht mehr zum Führen von Kraftfahrzeugen ungeeignet sind, so kann das Gericht das auch feststellen! Ja, es klingt unglaublich. Das Gericht kann trotz einer entsprechenden Tat und trotz der Vorschrift der §§ 69 und 69 a Ihnen die Fahrerlaubnis belassen, wenn durch Ihren Verteidiger ein entsprechender Antrag gestellt wird und der sodann beauftragte Psychologe die aufgestellte Behauptung bestätigt.

Den erstaunlichsten Fall bildete hier ein Torgauer Kneipenwirt, der mit 2,07 Promille mehrere Autos gerammt und demoliert hatte.

Dieser Mandant bekam noch in der mündlichen Verhandlung den Führerschein zurück und musste nicht zu einer MPU, weil durch das Gericht nach entsprechender Begutachtung festgestellt worden war, dass er zum Führen von Kraftfahrzeugen **nicht** mehr ungeeignet ist.

Wie das geht?

Das Gericht muss zum einen einen Anhaltspunkt haben, der dafür spricht, dass Sie sich verändert haben beziehungsweise dass Sie mit Erfolg an sich gearbeitet haben, und es muss ein Antrag von Ihrem Anwalt kommen. Selbstverständlich können Sie diesen Antrag auch selbst stellen.

Ein derartiger Antrag lautet:

Zum Beweis der Tatsache, dass der Angeklagte nicht ungeeignet ist zum Führen von Kraftfahrzeugen, beantrage ich namens und in Vollmacht des Angeklagten die Einholung eines psychologischen/psychiatrischen Sachverständigengutachtens.

Begründung:

Aufgrund intensiver psychologischer Betreuung nach dem Verkehrsunfallereignis ist der Angeklagte im Hinblick auf die Tatumstände und Begleiterscheinungen des Unfalls in extremem Maße sensibilisiert. Er hat an folgenden Kursen teilgenommen:
...

Die dramatischen Folgen des Verkehrsunfalls haben bei ihm nachhaltig Spuren hinterlassen, die ihn zu einer besonderen Fahrweise veranlassen.

Es steht aufgrund des besonderen Täterpsychogramms nicht zu erwarten, dass der Angeklagte sich zukünftig normabweichend im Straßenverkehr verhalten wird.

Entsprechende Feststellungen werden durch sachkundige Beurteilung eines Psychologen/Psychiaters bestätigt.

Das Gericht wird sodann die Hauptverhandlung unterbrechen beziehungsweise aussetzen und die Akten, wenn es dem Antrag stattgibt, einem Psychologen übersenden, der unter Umständen auch von Ihnen benannt werden kann. Hieran ist es aber nicht zwingend gebunden.

Häufig höre ich von Richtern das Argument, dass die Entscheidung darüber, ob jemand geeignet sei oder ungeeignet, ureigenste tatrichterliche Aufgabe ist.

Richtig ist vielmehr, dass selbstverständlich bei entsprechenden Anhaltspunkten ein Gutachter zu beauftragen ist.

Sie werden sodann, wenn die Akte durch den Gutachter zur Kenntnis genommen wurde, zu einem Gespräch geladen. Bei diesem Gespräch mit dem Psychologen geht es, ähnlich wie bei einer MPU-Begutachtung, um die Beantwortung der Frage, ob Sie sich zukünftig wieder mit Alkohol im Straßenverkehr bewegen oder sich straffrei verhalten werden.

Der psychologischen Befragung entgehen Sie hier auch nicht! Sie haben aber die Möglichkeit, Ihren Führerschein zu retten. Dies hat nicht nur psychologische Vorteile, sondern auch finanzielle.

Wenn Sie nämlich den Führerschein nicht verlieren, werden Sie von der Versicherung nicht wie ein Führerscheinneuling eingestuft.

Dies ist doch immerhin auch ein gewichtiges Argument, bereits im Zuge der mündlichen Verhandlung den Versuch zu starten, die Fahrerlaubnis zu retten.

Erstes Beispielgutachten: Alkohol – negativ

Aufgrund behördlicher Zweifel an der Eignung zum Führen von Kraftfahrzeugen unterzog sich Herr H. am 08.08.2006 einer medizinisch-psychologischen Fahreignungsuntersuchung.

Herr H. ist Inhaber einer Fahrerlaubnis der Klassen A und CE. Die behördlichen Bedenken beziehen sich auf folgende Sachverhalte:

19.08.2001	*Fahrlässige Trunkenheit im Verkehr gegen 1.20 Uhr mit 1,64 Promille zum Zeitpunkt der Blutentnahme um 1.40 Uhr*
28.01.2002	*Fahreignungsbegutachtung mit positiver Prognose*
16.07.2002	*Neuerteilung der Fahrerlaubnis*
01.01.2006	*Führen eines Kfz mit einer Atemalkoholkonzentration von 0,25 mg/l oder mehr gegen 15.15 Uhr. Die festgestellte Atemalkoholkonzentration betrug 0,53 mg/l.*

Feststellungen der Behörde

Ist zu erwarten, dass Herr H. auch zukünftig ein Kraftfahrzeug unter Alkoholeinfluss führen wird, und/oder liegen als Folge eines unkontrollierten Alkoholkonsums Beeinträchtigungen vor, die das sichere Führen eines Kraftfahrzeugs der Fahrerlaubnisklassen A und CE infrage stellen?

Das vorliegende Gutachten wurde auf der Grundlage der Festlegungen in der geltenden Fahrerlaubnisverordnung (FeV) zur Begutachtung der Eignung zum Führen von Kraftfahrzeugen erstellt.

Bei der Erhebung und Interpretation der Befunde wurden folgende wissenschaftliche Grundlagen einbezogen:

1. *Begutachtungsleitlinien zur Kraftfahrereignung (Berichte der Bundesanstalt für Straßenwesen, Mensch und Sicherheit, Heft M 115, 2000)*
2. *Begutachtungsleitlinien zur Kraftfahrereignung – Kommentar (Schubert, Schneider, Eisenmenger, Stephan, 2. Auflage, Kirschbaum Verlag, 2005)*
3. *Urteilsbildung in der medizinisch-psychologischen Fahreignungsdiagnostik – Beurteilungskriterien (Schubert, Mattern, Kirschbaum Verlag, 2005)*

Entsprechend der Fahrerlaubnisverordnung sind Fahreignungsuntersuchungen anlassbezogen durchzuführen. Es war demzufolge nicht auf die Gesamtheit der Persönlichkeit des Untersuchten einzugehen, sondern es waren nur solche Eigenschaften, Fähigkeiten und Verhaltensweisen zu betrachten, die für die Kraftfahreignung von Bedeutung sind (vgl. Anlage 15 Punkt 1 FeV).

Zu Beginn der Untersuchung wurde über den Gegenstand und Zweck der Untersuchung und über den Untersuchungsablauf informiert. Darüber hinaus wurde die Verfahrensweise bis zur Versendung des Gutachtens mitgeteilt.

Zur Vorgeschichte und zur Prognose

Nach Trunkenheitsdelikten im Straßenverkehr besteht eine erhöhte Rückfallgefahr, weil bereits Blutalkoholkonzentrationen ab 0,3 Promille zur Veränderung der Stimmungslage mit Kritikminderung führen können. Das Risiko steigt mit dem Grad der Alkoholisierung. Bei Werten höher als 1,0 Promille ist die Annahme eines insgesamt erhöhten Alkoholkonsums gerechtfertigt. Werden Werte um oder über 1,5 Promille bei Teilnahme im Straßenverkehr angetroffen, so liegt in der Regel ein Alkoholproblem vor, wobei dies nicht mit Alkoholabhängigkeit gleichzusetzen ist.

Auch wiederholte Auffälligkeiten unter Alkohol im Straßenverkehr begründen einen solchen Verdacht, selbst wenn die Werte wesentlich geringer sind. Eine verminderte Rückfallgefahr ist nur dann anzunehmen, wenn der Alkoholkonsum verändert wurde und folgende Feststellungen getroffen werden können:

- *Die Änderung erfolgte aus einem angemessenen Problembewusstsein; das bedeutet auch, dass ein angemessenes Wissen zum Bereich des Alkoholtrinkens und Fahrens nachgewiesen werden muss, wenn das Änderungsziel kontrollierter Alkoholkonsum ist.*
- *Die Änderung ist nach genügend langer Erprobung und der Erfahrensbildung (in der Regel ein Jahr, mindestens jedoch sechs Monate) bereits in das Gesamtverhalten integriert. Bei Abhängigkeit ist eine einjährige, durch medizinische Untersuchungen (Laborwerte) nachgewiesene Abstinenz zu fordern.*
- *Die mit der Verhaltensänderung erzielten Wirkungen werden positiv erlebt.*
- *Der Änderungsprozess kann nachvollziehbar aufgezeigt werden.*
- *Eine den Alkoholmissbrauch eventuell bedingende Persönlichkeitsproblematik wurde erkannt und entscheidend korrigiert.*
- *Neben den inneren stehen auch die äußeren Bedingungen (Lebensverhältnisse, berufliche Situation, soziales Umfeld) einer Stabilisierung des geänderten Verhaltens nicht entgegen.*

- *Es lassen sich keine körperlichen Befunde erheben, die auf missbräuchlichen Alkoholkonsum hindeuten. Wenn Alkoholabstinenz zu fordern ist, weil aufgrund der Lerngeschichte anzunehmen ist, dass sich ein konsequenter kontrollierter Umgang mit alkoholischen Getränken nicht erreichen lässt, dürfen keine körperlichen Befunde vorliegen, die zu einem völligen Alkoholverzicht im Widerspruch stehen.*
- *Verkehrsrelevante Leistungs- und Funktionsbeeinträchtigungen als Folgen früheren Alkoholmissbrauchs fehlen.*

(Vgl. Begutachtungsleitlinien zur Kraftfahrereignung, 2000, sowie Begutachtungsleitlinien zur Kraftfahrereignung, Kommentar, 2005.)

Da die bekannten Aspekte der Vorgeschichte darauf schließen lassen, dass mit verkehrsgefährdenden Verhaltenstendenzen in Zukunft mit hoher Wahrscheinlichkeit gerechnet werden muss, sind zur Begründung einer günstigen Verkehrshaltensprognose folgende Aspekte (»Hypothesen«) zu hinterfragen beziehungsweise zu bestätigen:

Die in der Untersuchung erhobenen Befunde – insbesondere das gewonnene Gesamtbild – sind zur Beantwortung der behördlichen Fragestellung verwertbar.

Ferner liegen im medizinischen Bereich keine die Eignung ausschließenden Beeinträchtigungen vor.

Es bestehen keine verkehrsrelevanten Beeinträchtigungen der geistigen oder psychisch-funktionalen Voraussetzungen.

Eine gegebenenfalls vorliegende Alkoholabhängigkeit ist ausreichend behandelt beziehungsweise aufgearbeitet.

Alkoholverzicht wird konsequent und stabil eingehalten, da aus der »Lerngeschichte« die Notwendigkeit eines Verzichts auf den Konsum alkoholhaltiger Getränke abzuleiten ist.

Aufgrund angemessenen Problembewusstseins und bei reduzierten Alkoholtrinkmengen sowie ausreichender Steuerungsfähigkeit ist die Voraussetzung, dauerhaft kontrolliert Alkohol zu trinken, gegeben.

Es besteht keine unkontrollierte Koppelung bestimmter Trinkanlässe mit dem Führen eines Kraftfahrzeugs (mehr).

Durch einen Kurs zur Wiederherstellung der Fahreignung nach § 70 FeV sind festgestellte Defizite genügend beeinflussbar.

(Vgl. Schubert, Mattern, Urteilsbildung in der medizinisch-psychologischen Fahreignungsdiagnostik – Beurteilungskriterien, Kirschbaum Verlag, 2005.)

Medizinischer Teil
Gutachterin: Dr. med. G. K.

Anamnese

Die Erhebung der gesundheitlichen Vorgeschichte ergab keine Hinweise auf für die Fragestellung der Behörde relevanten Erkrankungen.

Teilnahme vom März 2006 bis dato, bisher acht Sitzungen zum Thema Alkohol und Straßenverkehr bei Dipl.-Psychologe Prof. Dr. B. G. B.

Angaben zum Alkoholkonsum: Letzter Alkoholkonsum zur Trunkenheitsfahrt zirka vier Becher Glühwein, seitdem Abstinenzangabe. Zuvor habe er ein- bis zweimal pro Monat Alkohol zu Geselligkeiten konsumiert in der Menge von zirka drei bis fünf Bier à 0,5 Liter oder Schnaps, und zwar vier bis fünf »Doppelte«. In der Woche habe er nicht regelmäßig getrunken. Der Erstkonsum von Alkohol sei zur Jugendweihe erfolgt.

Untersuchungsdaten

41-jähriger Mann in gutem Allgemein- und Ernährungszustand

***Gewicht:** 74 Kilogramm bei einer Körpergröße von 172 Zentimetern*

***Puls:** 68 Schläge pro Minute, regelmäßig*

***Herz und Lunge:** unauffällig (keine Zeichen einer Herzmuskelschwäche, keine Störung der Atmung)*

***Abdomen:** Leber nicht vergrößert tastbar. Die am Untersuchungstag ermittelten Laborwerte:*

Datum *Dimension* *Norm*	*Gamma-GT* *(U/L)* *(< 60)*	*GOT* *(U/L)* *(< 50)*	*GPT* *(U/L)* *(< 50)*
25.07.2006	*38*	*23*	*28*

Haut: *Teleangiektasien im Gesichts- und Nasenbereich*
Extremitäten: *keine relevanten Funktionseinschränkungen*
Nervensystem: *Muskelreflexe seitengleich auslösbar*
Vegetativum: *unauffällig*
Koordination: *unauffällig*
Sehtest: *siehe aktenkundige Bescheinigung vom 29.05.2002*

Vorgelegte Befunde/liegen in der BfF vor

Bestätigung der Teilnahme an Gesprächen vom 16.03.2006 bis dato, Dipl.-Psychologe Prof. Dr. B. G. B. vom 07.08.2006

Psychologischer Teil
Gutachter: Dipl.-Psychologe T. F.

Allgemeine Angaben

Mit Unterstützung durch eine anlassbezogene schriftliche Befragung wurden persönliche Daten erfragt, die die allgemeine und die berufsbezogene Lebenssituation betreffen. Die entsprechende Information diente dazu, mögliche Rahmenbedingungen kennen zu lernen, die gemäß fachwissenschaftlicher Erfahrungen für die Beantwortung der behördlichen Fragestellung von Bedeutung sein können.

Weiterhin wurde ein Fragebogen zu Wissenssachverhalten zum Themenbereich Alkohol sowie Alkohol und Verkehr (gegebenenfalls ein Fragebogen zur Abstinenz) eingesetzt. Die Er-

gebnisse dieses Fragebogens werden ebenfalls nur dann unten aufgeführt, wenn sie für den Ausgang des Gutachtens von Bedeutung sind.

Verkehrserfahrung

Hinsichtlich seiner Verkehrserfahrung teilte Herr H. mit, dass er seit 1979 im Besitz einer Fahrerlaubnis sei. Insgesamt habe er etwa 200 000 Kilometer aktiv am Straßenverkehr teilgenommen und in den letzten zwölf Monaten als Inhaber einer Fahrerlaubnis etwa 100 000 Kilometer zurückgelegt.

Exploration

In der psychologischen Exploration, dem Untersuchungsgespräch zur Vorgeschichte und zu den jetzt vorherrschenden Einstellungen und Verhaltensweisen, wurden dem Untersuchungsanlass entsprechend vor allem die Ausprägung und Verfestigung der Trinkgewohnheiten, das Problemfeld der Selbstbeobachtung und Selbstkontrolle bei Trinkanlässen, der Kenntnisstand zum Problem der Alkoholeinwirkung beim Führen von Kraftfahrzeugen sowie die Vorstellung des Untersuchten zur Vermeidung von Trunkenheitsfahrten angesprochen. Die Angaben des Untersuchten wurden handschriftlich und zum Teil wörtlich protokolliert.

Das Untersuchungsgespräch dauerte von 9.14 bis 10.48 Uhr.

Zu im Vorfeld der heutigen Untersuchung geführten Beratungsgesprächen gab Herr H. an, er habe sich nach dem Delikt mit seiner Anwältin unterhalten. Er habe für sich festgestellt, dass da etwas nicht in Ordnung sei, da er zum zweiten Mal eine MPU absolvieren müsse. Sie habe ihn an einen Psychologen verwiesen. Mitte März habe er den ersten Termin gehabt. 14 Tage vorher habe er mit dem Alkohol aufgehört gehabt. Er sei alle zwei bis drei Wochen bei dem Psychologen gewesen und habe mit ihm die Problematik Alkohol im Straßenverkehr abgehandelt. Es seien insgesamt acht Sitzungen gewesen. Zwei bis drei weitere Sitzungen zum weiteren Austausch seien noch geplant.

Wie er es sich erklärte, dass es zu einer erneuten Trunkenheitsfahrt gekommen sei, trotz der negativen Vorerfahrung und der im Vorgutachten benannten positiven Vorsätze (?): Er habe sich selbst mit dieser Frage beschäftigt. »Es ist mir selber nicht verständlich, wie es dazu gekommen ist. … Nach der Fahrt habe ich gesagt, es kann nicht sein, dass Alkohol mein Leben ruiniert.«

Ob mögliche Ursachen in den Beratungsgesprächen erörtert worden seien (?): Es sei »einfach der leichtfüßige Umgang mit Alkohol« gewesen. Er habe mal ein Bier mitgetrunken, in geselliger Runde auch mal zwei bis drei Bier, und nicht weiter darüber nachgedacht. Dass es wieder dazu gekommen sei, führte er darauf zurück, dass er sich gesagt habe, ein Bier könne er mittrinken, ein Bier schade nicht. Dies habe dazu geführt, dass er wieder unter Alkohol gefahren sei.

Wie er sich das Auftreten einer solchen Denk- und Verhaltensweise erkläre, obwohl er im Vorgutachten angeführt habe, dass er weniger trinken und das Trinken und das Fahren strikt trennen wolle (?): Er habe sich erschrocken, als die Polizei ihn angehalten habe. »Dass ich wieder so einen hohen Alkoholspiegel habe!« Während der Veranstaltung habe er nicht daran gedacht.

Wie er aus heutiger Sicht seinen früheren Umgang mit Alkohol einordne (?): Er habe »stellenweise viel Alkohol« und diesen auch sehr leichtfertig konsumiert. »Wie hat der Therapeut gesagt, sozial verträgliches Trinkverhalten oder gesellschaftliches?« Er habe zum Beispiel zu Geburtstagen oder bei Zusammenkünften mit Freunden getrunken.

Ob aus seiner heutigen Sicht ein Alkoholproblem vorgelegen habe (?): »Problematisch würde ich es nicht bezeichnen. Leichtfertiger Umgang.«

Zu seinen Trinkmotiven befragt, gab er an, es habe einfach dazugehört. In Geselligkeit sei getrunken worden. »Ich kann nicht sagen, dass ich getrunken habe, um ein Ziel zu verfolgen.«

Welche Effekte er als angenehm empfunden habe (?): Er sei heute genauso lustig wie damals. Alkohol mache gesellig. »Aber dass ich das gesucht hätte, so ist es nicht.«

Zu seiner alkoholbezogenen Vorgeschichte gab Herr H. an, er denke, dass der erste Konsum zur Jugendweihe erfolgt sei. Als Halbstarker habe man sich eingebildet, es gehöre zum richtigen Leben. Danach sei ihm übel gewesen. »Nicht sehr angenehm die Erfahrung.« Danach sei lange Zeit Ruhe gewesen. »Wieder Alkohol war dann Ende der neunten Klasse.« Zur Disko oder zum Tanzen mit einem Mädchen habe er über den Abend mal zwei bis drei Pfefferminzlikör getrunken. Es sei über 20 Jahre her. Eine Alkoholwirkung habe er sicher verspürt. »Irgendwann war man betrunken, konnte nicht mehr tanzen, und das Mädchen war auch weg. Die Menge hat man doch nicht vertragen.«

Warum er bis zu negativen Auswirkungen getrunken habe (?): Es werde einem ja nicht gleich beim ersten Schnaps schlecht. Beim dritten sei ihm übel geworden, und er habe dann nichts mehr getrunken. So etwas sei vielleicht dreimal passiert. Jedoch sei er nicht zur Disko gefahren, um Schnaps zu trinken.

Er habe dann seine Lehre in Magdeburg absolviert und im Internat gelebt. Alkohol habe er »sehr unregelmäßig« getrunken, mal abends in der Gruppe oder bei Diskobesuchen. Trinkmengen seien ihm nicht erinnerlich. Zustände von Betrunkenheit habe er sicher auch ein oder zweimal erlebt. Dann habe er wieder sehr lange Zeit die Nase voll vom Alkohol gehabt. Er habe damals auch ein Moped gehabt und nichts getrunken, wenn er gefahren sei.

Nach der Lehre habe er eineinhalb Jahre gearbeitet und sei dann von 1984 bis 1987 bei der Armee gewesen, in einem Sonderkommando. Im Ausgang, einmal im Monat, seien sie essen gegangen und hätten etwas getrunken. Trinkmengen wurden mit vier bis fünf Bier (0,33 Liter) benannt. Größere Mengen wurden verneint.

Nach der Armee habe er geheiratet, gespart und angefangen, ein Haus zu bauen, das sie 1990 bezogen hätten. »Da habe ich nicht getrunken.« Er habe keine Zeit dazu gehabt. Die Handwerker hätten sich beschwert, dass es eine trockene Baustelle sei.

Auf Nachfrage räumte Herr H. dann einen Alkoholkonsum, etwa einmal monatlich zu Geburtstagen oder Geselligkeiten, ein.

Trinkmengen seien zum Beispiel zwei Flaschen Bier (0,5 Liter) und drei bis fünf Schnaps (3 cl) über den Abend gewesen.

Herr H. gab hierzu weiter an: »Sicher war man eine Zeit lang lustig, am nächsten Tag ging es einem dreckig.« Er habe Kopfschmerzen, Übelkeit und Durst verspürt. Mehr als drei Bier seien es aber nicht geworden. »Ich vertrage nicht die Welt. Nicht, was ein typischer Biertrinker verträgt.«

Wie er es sich erkläre, dass er auch mal über die Verträglichkeitsgrenze hinaus getrunken habe (?): »Weil man nicht Nein sagen kann oder nicht will, oder die anderen nicht vor den Kopf stößt. Oder dachte, es gehört dazu, dass man mittrinkt.« Vielleicht habe er sich auch überschätzt und gedacht, dass er mehr vertrage.

Zu seinem Umgang mit Alkohol in der Zeit vor dem ersten Trunkenheitsdelikt 2001 befragt, gab Herr H. an, wochentags habe er nichts getrunken, mal am Wochenende bei Besuchen, jedoch ohne Regelmäßigkeit. Er habe auch nie Bier und Schnaps zusammen getrunken. Er habe irgendwann gemerkt, dass er es schlecht vertrage, und dann getrennt. Es sei ihm dann am nächsten Tag wesentlicher besser gegangen. Trinkmengen bei Anlässen wurden mit zwei bis drei Bier (0,5 Liter) oder auch mal drei bis vier doppelten Whisky, über den Abend verteilt, benannt.

Maximale Mengen (?): Er habe nie ausprobiert, wie viel in den Körper reinpasse. Es falle ihm ein Spielabend ein, bei dem er einmal mit seinem Freund 300 Gramm Whisky getrunken habe. Ansonsten habe es größere Trinkmengen als vier Bier (0,5 Liter) oder vier Doppelte nicht gegeben, vielleicht noch mal einen kleinen Schluck als Scheidebecher. »Das war die Menge, wo ich am Abend angefangen habe zu lallen, aber am nächsten Tag keine Kopfschmerzen hatte.«

Darauf angesprochen, dass er im Vorgutachten für die Zeit vor dem Delikt Trinkmengen von 15 Glas Bier benannt habe, gab er an: »Das ist die normale Trinkmenge. ... 15 Glas habe ich nie im Leben getrunken.« Er müsse übertrieben haben.

Zu seinen damaligen Trinkmotiven nachgefragt, gab er an, es sei ihm heute nicht mehr nachvollziehbar. Er trinke heute nichts und könne genauso gut leben.

Wir er es damals mit dem Trinken und Fahren gehalten habe (?): »Das hatte ich eigentlich getrennt, klar getrennt. Er habe sich bei Anlässen mit seiner Ehefrau abgesprochen und abgewechselt. Auch ein Fahren nach kleinen Trinkmengen wurde ausdrücklich verneint.

Zu den Ereignissen im Zusammenhang mit der ersten Trunkenheitsfahrt am 19.08.2001 gab Herr H. an, er sei auf einer Jagd gewesen. Ein Bekannter habe einen großen Hirsch geschossen, und sie hätten Alkohol getrunken. »Aufgrund meines Blutbilds extrem viel Alkohol.« Trinkbeginn sei wohl gegen Mittag gewesen.

Trinkmengen könne er nicht genau benennen. Er habe Jägermeister getrunken. Trinkende sei gewesen, als er losgefahren sei.

Wie er sich sein Verhalten erkläre, wenn er doch sonst immer das Trinken und Fahren klar getrennt habe (?): Er glaube nicht, dass er darüber nachgedacht habe. Er habe nur den Hirsch angucken wollen und sei dann hängen geblieben. »Ich weiß nicht, wie das damals dazu gekommen ist.« Es sei ihm »nicht bewusst« gewesen, dass er mit dem Auto da gewesen sei.

Darauf angesprochen, dass im Vorgutachten von einem Volksfest die Rede gewesen sei, gab Herr H. an, es sei zu einem Volksfest ausgeartet.

Darauf angesprochen, dass er damals angegeben habe, zwischen 21.30 und ein Uhr vier Bier und »Feiglinge« getrunken zu haben, gab Herr H. an: »Ja, hinter seinem Schuppen.« Mittags hätten sie Jägermeister getrunken. Zum Fest sei er noch besoffen hin, um zu gucken, was los sei.

Bei Fahrtantritt sei er »besoffen« gewesen. Die Fahrstrecke habe nicht ganz einen Kilometer betragen, dann sei er in eine Alkoholkontrolle gekommen.

Wie er das Trunkenheitsdelikt für sich verarbeitet habe (?): »Sicher zog man Konsequenzen.« Es habe Krach zu Hause gegeben. Er habe sich lange damit beschäftigt, dass er unter Alkohol gefahren sei, obwohl er es sonst immer getrennt habe. Er habe seine Existenz aufs Spiel gesetzt. Das sei ihm schon durch den Kopf gegangen.

Welche Konsequenzen er für sich gezogen habe (?): Er habe das Trinken und Fahren getrennt.

Darauf angesprochen, dass er dies doch auch bereits vorher so gehalten habe, wurde dies von ihm bejaht.

Auf eine im Vorgutachten benannte verkehrspsychologische Intensivberatung angesprochen, gab Herr H. an, er habe drei oder vier Einzelgespräche geführt gehabt.

Zu einem Erkenntnisgewinn aus den Gesprächen befragt, gab er an, es sei letztendlich um den Auf- und Abbau von Alkohol im Körper gegangen. Es sei nicht so sehr um persönliche Belange gegangen, so wie in den jetzt geführten Gesprächen. Es sei auch »ein bisschen Briefing« für die MPU gewesen.

Zu seinem Umgang mit Alkohol nach der ersten Trunkenheitsfahrt befragt, gab Herr H. an: »Ich habe eigentlich nichts geändert in Bezug darauf.«

Auf entsprechende Ausführungen im Vorgutachten angesprochen, gab er an, er habe sicher bis zur MPU den Alkohol sehr reduziert. Er habe die Blutwerte im Hinterkopf gehabt. Er habe mal ein bis drei kleine Bier getrunken. »Zur MPU hin, die letzten vier Monate bis zur MPU.«

Darauf angesprochen, dass er damals den Vorsatz benannt habe, auch zukünftig nur ein bis drei Bier zu trinken, gab Herr H. an, es habe im Vordergrund gestanden, die MPU zu bestehen und den Führerschein wieder zu bekommen.

Wie es nach der Neuerteilung mit dem Alkohol weitergegangen sei (?): »Ganz der alte Rhythmus.« Er habe an den Gewohnheiten eigentlich nichts Grundlegendes geändert.

Wie er es mit dem Trinken und Fahren gehalten habe (?): Er habe es getrennt und sei nicht mal nach einem Glas Bier gefahren. Wenn er mit dem Auto unterwegs gewesen sei, habe er Trinkangebote strikt abgelehnt.

Um eine Beschreibung seiner Trinkgewohnheiten in der Zeit vor dem zweiten Trunkenheitsdelikt vom Januar 2006 gebeten, gab Herr H. an, er habe wochentags nichts getrunken. »Wieder in Geselligkeit. Es war wieder ein bis zweimal im Monat.« Er habe vielleicht vier bis fünf Bier (0,5 Liter) getrunken.

Wie er aus heutiger Sicht den damaligen Umgang mit Alkohol bewerte (?): Er habe im Laufe des Abends beziehungsweise im Laufe des Monats sehr viel Alkohol konsumiert, was ihm damals nicht bewusst geworden sei. Er sei sorglos mit Alkohol umgegangen und habe sich nie einen Kopf gemacht. Es sei aus heutiger Sicht sehr viel und sehr regelmäßig gewesen. Auch habe seine Frau geschimpft.

Darauf angesprochen, dass eine solche Aussage im Widerspruch zu seiner ersten Angabe stehe, keinen problematischen Umgang mit Alkohol gehabt zu haben, gab Herr H. an: »Es war der Zeitsprung vor 2001.«

Darauf angesprochen, dass er angegeben habe, dass sich sein Trinkverhalten seinen Angaben zufolge doch auch in der Folgezeit nicht grundlegend geändert habe, gab Herr H. an: »Ich kann mich an das von vor fünf Jahren besser erinnern als an das vor zehn.«

Zu den Ereignissen im Zusammenhang mit der Trunkenheitsfahrt vom 07.01.2006 gab Herr H. an, im Forst sei Frauenjagd gewesen und er sei Jagdhelfer gewesen. Er sei mit dem Auto hingefahren und um zirka acht Uhr da gewesen. Er habe Gulasch und Glühwein gekocht. Es seien minus 15 Grad gewesen. Er habe dann mal einen halben Becher Glühwein zum Kosten getrunken, dann noch einen Becher und noch einen Becher. Er denke, dass er etwa zwischen zehn oder elf Uhr und 14 Uhr insgesamt vier Becher à 0,25 Liter selbst gemachten Glühweins getrunken habe. Er habe ihm gut geschmeckt. Er sei erschrocken gewesen, als bei der Atemalkoholkontrolle ein Wert von einem Promille festgestellt worden sei. Er habe dann auch erfahren, dass im Glühwein Rum gewesen sei.

Ob er während des Trinkens seine Fahrabsichten bedacht habe (?): Er habe sie nicht bedacht. Er habe so gegen 16 Uhr wieder zu Hause sein wollen. »Ich habe gesagt, ich rufe einen an, der mich abholt.« Er habe ja zwischen Trinkende und geplanter Abfahrt noch zwei Stunden Zeit gehabt.

Ob er jemanden angerufen habe (?): »Nein. Weil ich mir nicht bewusst war, das ich so viel Alkohol getrunken habe.« Er habe gedacht, dass er drei Becher getrunken habe und dass es nicht so viel gewesen sei und er noch nach Hause fahren könne.

Bei Fahrtantritt habe er sich »schon ein bisschen schummerig« gefühlt. Nach 200 Metern sei er kontrolliert worden.

Wie er es sich erkläre, dass er entgegen seiner benannten sonstigen Gewohnheiten und trotz der erlebten Alkoholwirkung dennoch gefahren sei (?): Es könne ja auch an dem Kesselgulasch gelegen haben, dass es im Bauch rumort habe. Er habe sich »eigentlich gut gefühlt«. Er sei müde gewesen und habe nach Hause gewollt. Er habe den ganzen Tag gefroren gehabt.

Zu seinem Umgang mit Alkohol seit dem erneuten Delikt befragt, gab Herr H. an, er habe sich extrem darüber geärgert, dass es ihm erneut passiert sei. Er habe sich »sehr zurückgezogen« und »nach 14 Tagen gesagt: Schluss, komplett«. Er habe gesehen, dass es nicht die richtige Richtung sei und dass das Rad sich rückwärts drehe. Er habe auch Verantwortung gegenüber seiner Familie.

Nochmals nachgefragt, gab er an, er habe seit der Trunkenheitsfahrt nichts mehr getrunken. Es sei für ihn eine Welt zusammengebrochen. Er habe dann auch eine Einladung zu einem Geburtstag erhalten und schon im Vorfeld gesagt, dass er keinen Alkohol mehr trinke.

Zum künftigen Umgang mit Alkohol befragt, gab Herr H. an, es sei keine Trinkpause. »Ich halte es durch, und es wird so bleiben.« Diesmal sei nicht das Bestehen der MPU sein Ziel, sondern sein Ziel sei, lebenslang keinen Alkohol mehr zu trinken.

Warum er sich gegen einen gemäßigten, kontrollierten Konsum entschieden habe (?): »Ich habe in meinem Leben genug gesoffen und Scheiße gebaut unter Alkohol. Es ist nicht nur die MPU.« Seitdem er nichts mehr trinke, gehe er zum Sport oder mache etwas im Garten. Auf dem Dorffest habe er die anderen gesehen und sich kaputtgelacht. Früher sei er selbst so gewesen. »Es geht mir besser als in der Zeit, wo ich in unregelmäßigen Abständen was getrunken habe.« Er habe auch acht Kilogramm abgenommen.

Ob ihm ein dauerhafter kontrollierter Konsum seiner Einschätzung nach prinzipiell möglich sei (?): Dies sei kein Thema, und er habe sich darüber keinen Kopf gemacht. Es sei ihm ernst damit, ohne Alkohol leben zu wollen. Das Leben sei auch ohne Alkohol sehr schön. Er wolle keine Kompromisse mehr schließen.

Zu einer grundsätzlichen Fähigkeit zur stabilen Selbstkontrolle nachgefragt, gab er an: »Ich sehe kein Risiko. ... Ich sehe das Problem nicht.«

»Alkoholfreies Bier trinke ich nicht.« Er sei schon früher bei Biersorten sehr wählerisch gewesen. »Es hat mit Bier nichts zu tun. ... Ein Risiko wäre es nicht, aber es schmeckt nicht.« Bei Speisen, wie zum Beispiel Soßen, gehe er davon aus, dass nach dem Kochen kein Alkohol mehr darin sei. Hinsichtlich alkoholhaltiger Medikamente gab er an, wenn der Arzt sage, es sei gut, werde er es einnehmen.

Wie er den Verzicht auf Alkohol erlebt habe (?): Die ersten zwei Monate habe er sich sehr zurückgezogen gehabt und sei kaum aus dem Haus gegangen. Sicher habe Scham gegenüber anderen eine Rolle gespielt. Er sei selbst auf sich böse gewesen, und es habe Zwistigkeiten in der Familie gegeben.

Schwierig sei der Verzicht auf Alkohol »eigentlich nie« gewesen. Das »Dummgequatsche« der anderen habe ihn bestärkt. Trinkangebote habe er erhalten. »Ja zu sagen wäre sehr leicht gefallen, aber dann habe ich gesagt, es geht nicht. Es ist der erste Schritt in eine Richtung, den du nicht machen willst.« Irgendwann hätten die Hänseleien auch aufgehört.

Zur Rückfallgefahr befragt, gab Herr H. an, in die Zukunft blicken könne er nicht. Er gehe davon aus, dass er die zweite Lebenshälfte auch ohne Alkohol schaffe.

Ob er sich Situationen vorstellen könne, die eine erhöhte Wachsamkeit erfordern (?): »In weiter Zukunft zum Beispiel mein 50. Geburtstag, meine Silberhochzeit.« Er habe eine Kiste mit Eiswein zur Hochzeit geschenkt bekommen, den er eigentlich zur Silberhochzeit habe trinken wollen. Für die »nächste Zeit« sehe er jedoch »keine Konflikte«.

Wie er eine zukünftige alkoholabstinente Lebensweise absichern wolle (?): Es gebe »so viele schöne Sachen im Leben, da muss es kein Glas sein«.

Psychophysische Funktionsprüfung

Zur Überprüfung der psychophysischen Leistungsfähigkeit wurden psychologische Untersuchungsverfahren durchgeführt. Eingesetzte Verfahren sind nach dem Stand der Wissenschaft standardisiert, das heißt reliabel, objektiv und normiert. Ihre Validität (Gültigkeit) unter den Aspekten der Verkehrssicherheit ist durch Forschungsergebnisse nachgewiesen. Die Untersuchungsergebnisse werden in Prozenträngen von 0 bis 100 angegeben. Ein Prozentrang (PR) von 45 bedeutet zum Beispiel, dass 55 Prozent der Bezugsgruppe einer repräsentativen Stichprobe der »Kraftfahrerpopulation« (Gesamtnorm) Ergebnisse erzielen, die über der erreichten Leistung liegen. Ein PR von 100 steht also für das Bestmögliche, ein PR von 0 für die geringste Leistung. Die durchschnittliche Leistung liegt zwischen PR 25 und PR 75. Der kritische Bereich beginnt unter PR 16. Die Testleistung gilt für eine Fahrerlaubnis der Gruppe 1 als hinreichend, wenn ein PR von 16 erreicht beziehungsweise überschritten wird. Für eine Fahrerlaubnis der Gruppe 2 muss zusätzlich in der Mehrzahl der Messungen ein PR von 33 erreicht oder überschritten werden. Es wurden die nachfolgend beschriebenen Untersuchungsverfahren mit den jeweils dazu genannten Ergebnissen durchgeführt.

Test zur Erfassung der reaktiven Stresstoleranz und reaktiven Belastbarkeit, RST 3

Darbietungsform: *computergestützte (Art 2020) komplexe Handlungsprobe*

Diagnostizierte Bereiche: *Reaktionskapazität, auch »reaktive Dauerbelastbarkeit« beziehungsweise »Stresstoleranz« genannt*

Aufgabenbeschreibung: *Der Test besteht aus drei Teilen, wobei in jedem Teil die gleiche Sequenz von optischen und akustischen Signalen (fünf Farbsignale, zwei weiße Lichtsignale, zwei Töne) mit vorgegebener Frequenz dargeboten wird. Auf alle Signale ist durch möglichst schnelle Betätigung der jeweils zugehörigen Taste zu reagieren. Die Signalabfolge der drei Testteile ist unterschiedlich. Der erste Teil ist als »Einübungsphase«, der schnellere zweite Teil als »Belastungsphase« und der wiederum etwas leichtere dritte Teil als »Erholungsphase« gekennzeichnet.*

Testresultate	*1. Phase Prozentrang*	*2. Phase Prozentrang*	*3. Phase Prozentrang*
Richtige Reaktionen	*99*	*50*	*70*
Richtige verzögerte Reaktionen	*100*	*79*	*58*
Ausgelassene Reaktionen	*99*	*45*	*57*
Fehlreaktionen	*78*	*80*	*96*

Linienlabyrinthtest (LL 5)

Darbietungsform: *Einzeltest am Computer (ART 2020)*

Diagnostizierbare Bereiche: *visuelle Strukturierungsfähigkeiten und Orientierungsleistung, das heißt rasche, durch Aufmerksamkeit und konzentrationsbedingte kognitive Verarbeitung visueller Reize*

Aufgabenbeschreibung: *Als Test dienen ein Probebild und fünf Testbilder. Jedes Bild enthält neun ineinander verschlungene, gleich lange helle Linien auf dunklem Hintergrund. Der Anfangspunkt der Linien ist jeweils durch eine Zahl, der Endpunkt durch einen Buchstaben gekennzeichnet. Die Darbietungsdauer der einzelnen Testbilder beträgt 40 Sekunden. Die fünf Testbilder sind in aufsteigender Schwierigkeit angeordnet. Innerhalb eines Bildes ist der Informationsgehalt jeder Linie gleich, das heißt gleich lange Linien mit derselben Anzahl von Kreuzungspunkten. Man hat mit dem Auge den Verlauf jeder Linie von ihrem obigen Anfang bis zu ihrem unteren Ende zu verfolgen und den Kennbuchstaben des ermittelten Endpunkts auf einer Tastatur einzugeben.*

Testresultate:	*Prozentrang*
bearbeitete Leistungsquantität	*13*
prozentfalsche Leistungsqualität	*32*

Q-1-Test zur Messung der Aufmerksamkeitsleistung unter Monotonie

Darbietungsform: *Einzeltest am Computer (ART 2020)*

Diagnostizierbare Bereiche: *Konzentrations- und Aufmerksamkeitsleistung unter Monotonie*

Aufgabenbeschreibung: *Vier einfach strukturierte Zeichen werden für die Testdauer unverändert dargeboten. 20 Vergleichszeichen, die gegenüber der Vorlage nur in einem einzigen Detail verändert sind, und vier mit dem Modell identische Vergleichszeichen sind in zufälliger Abfolge zu einer Zeichenfolge von 112 Aufgaben aneinander gereiht.*

Durch Tastendruck ist anzugeben, ob das jeweilige Vergleichszeichen mit dem Modell identisch ist oder nicht. Unmittelbar im Anschluss an die Reaktion erscheint das nächste Vergleichszeichen. Die Bearbeitungszeit für jede Vergleichsaufgabe ist frei wählbar. Die Testperson bestimmt damit selbst Leistungstempo und Leistungsmenge innerhalb der vorgegebenen Testzeit von sieben Minuten.

Testresultate:	*Prozentrang*
bearbeitetes Leistungstempo	*64*
falsch bearbeitete Leistungsqualität	*41*

Zusammenfassende Befundwürdigung

Im Ergebnis der medizinischen Untersuchung waren geringe Teleangiektasien im Gesichts- und Nasenbereich auffällig, die auf einen übermäßigen Alkoholkonsum in der Vergangenheit hinweisen können. Anhaltspunkte für einen derzeit bestehenden regelmäßigen Alkoholmissbrauch fanden sich nicht.

Die aktuell erhobenen Laborwerte lagen im Normbereich. Eine Normalisierung der aufgefundenen Änderungen konnte allerdings auch relativ kurzfristig und mit begrenzter Änderung des Trinkverhaltens erreicht werden. Weiterhin ist zu berücksichtigen, dass gelegentliche Exzesse in der Regel keinen weitreichenden negativen Einfluss auf Leberlaborwerte ausüben.

Das Ergebnis der medizinischen Untersuchung ist deshalb kein hinreichender Beleg für die Richtigkeit der Angaben des Untersuchten hinsichtlich Veränderungsdauer und/oder Veränderungsausmaß.

Bei Überprüfung der für das Führen von Kraftfahrzeugen bedeutsamen Leistungsfunktion war in einem Testverfahren ein unterhalb des PR 16 liegender Leistungswert festzustellen, dem jedoch in der Gesamtschau noch keine negative fahreignungsrelevante Bedeutung zukommt. Vielmehr kann angesichts der ansonsten im Normbereich liegenden Leistungswerte von einer hinreichenden Kompensationsfähigkeit ausgegangen werden.

Herr H. ist in der Vergangenheit wiederholt mit Trunkenheitsfahrten aktenkundig in Erscheinung getreten, erstmalig im August 2001.

Im Rahmen einer Fahreignungsbegutachtung vom Januar 2002 konnte Herr H. die Teilnahme an einer verkehrspsychologischen Intensivberatung in der Zeit vom 17.10.2001 bis 23.01.2002 belegen.

Zudem konnte er eine selbstkritische Auseinandersetzung mit der Alkoholproblematik glaubhaft machen. Herr H. äußerte den Vorsatz, das Trinken und das Fahren zukünftig zu trennen, sowie die Absicht, in Zukunft nur wenig Alkohol zu trinken.

Gelegentliche Trinkmengen von zwei bis drei Glas Bier oder einem Glas Wein wurden hierbei von ihm zugrunde gelegt.

Trotz der vorangegangenen persönlichen Konfrontation mit seinem Problemverhalten und der benannten positiven Vorsätze ist es Herrn H. jedoch offensichtlich nicht gelungen, in der Folge eine grundlegende Verhaltensveränderung herbeizuführen beziehungsweise eine solche dauerhaft aufrechtzuerhalten. So ist Herr H. im Januar 2006 erneut unter erheblichem Alkoholeinfluss im Straßenverkehr auffällig geworden.

Herr H. berichtete, dass er im Anschluss an das erneute Trunkenheitsdelikt nochmals fachkundige Beratung in Anspruch nahm. Einer vorgelegten Bescheinigung von Dr. B. G. B. in Torgau vom 07.08.2006 ist zu entnehmen, dass Herr H. in der Zeit vom 16.03.2006 bis dato an acht Beratungssitzungen zum Thema Alkohol und Straßenverkehr teilnahm.

Herr H. machte ferner geltend, dass er im Anschluss an das erneute Trunkenheitsdelikt den Entschluss gefasst habe, den Alkoholkonsum dauerhaft einzustellen.

Betrachtet man die Vorgeschichte des Untersuchten, so ergeben sich mehrere Anhaltspunkte, die dafür sprechen, dass Herr H. zu einem kontrollierten Alkoholkonsum nicht hinreichend zuverlässig in der Lage ist und dass Herr H. tatsächlich eine stabile abstinente Lebensweise einhalten muss, damit die Rückfallgefahr als hinreichend vermindert anzusehen ist.

Somit war im Rahmen der Begutachtung vor allen Dingen zu überprüfen, ob Herr H. zu einer angemessenen Problembewältigung gelangen konnte.

Die Ausprägungen der Alkoholproblematik sowie die damit verbundene besonders hohe Rückfallgefahr rechtfertigen die Forderung nach Erfüllung bestimmter Voraussetzungen, bevor die Eignung im Einzelfall wieder angenommen werden kann. Da angesichts der persönlichen Lerngeschichte der Untersuchten ein dauerhaft kontrollierter Alkoholkonsum nicht als stabil gewährleistet angesehen werden kann, muss unter Berücksichtigung der geltenden Begutachtungsleitlinien zur Kraftfahrer-

eignung für den Nachweis einer ausreichenden Bewältigung der Alkoholproblematik eine Alkoholabstinenz gefordert werden, wobei in der Regel eine seit einem Jahr bestehende Abstinenz nachgewiesen werden sollte. Auf einen einjährigen Alkoholabstinenzzeitraum kann Herr H. derzeit noch nicht zurückblicken. Auch konnte er einen benannten längerfristig bestehenden Alkoholverzicht noch nicht nachweislich untermauern.

Eine abstinente Lebensweise wird zudem nur dann stabil Bestand haben, wenn Herr H. eine langfristig angelegte und tiefgreifende Abstinenzentscheidung nachvollziehbar darzulegen vermag, aus der ein klares Bewusstsein der bei ihm vorliegenden Alkoholproblematik ersichtlich wird. Hierzu gehört zum einen, dass die eigenen normabweichend starken Trinkgewohnheiten als solche erkannt worden sind, und zum anderen auch, dass sie analysiert und tiefgehend aufgearbeitet worden sind. Wie die Darstellungen des Untersuchten verdeutlichen, ist dieses Bewältigungsstadium gegenwärtig noch nicht erreicht.

Folgt man den Ausführungen von Herrn H. zur Bewertung seines früheren Umgangs mit Alkohol, so lässt sich nicht erkennen, dass Herr H. bereits ein hinreichend ausgeprägtes Problembewusstsein entwickelt hat. Zwar räumt Herr H. ein, dass er »leichtfüßig« mit Alkohol umgegangen sei und »stellenweise viel« getrunken habe, jedoch verkennt er dabei noch immer, dass es sich keineswegs um ein gesellschaftsübliches Konsumverhalten handelte, sondern dass er durchaus eine Alkoholproblematik entwickelt hat (»als problematisch würde ich es nicht bezeichnen«).

Auch lassen seine Ausführungen zum Umfang des früheren Alkoholkonsums sowie zur eigenen Trinkfestigkeit eine Neigung zur Verharmlosung erkennen (zum Beispiel: »Ich vertrage nicht die Welt. Nicht, was ein typischer Biertrinker verträgt«). Bei Zutreffen seiner Angaben wäre jedoch weder der hohe Konsum an den Delikttagen noch die gezeigte hohe Alkoholtoleranz zu erwarten gewesen.

Darüber hinaus wurde im Gesprächsverlauf deutlich, dass

Herr H. seine Fähigkeit zur stabilen Selbstkontrolle im Umgang mit Alkohol noch keineswegs ausreichend hinterfragt hat. (»Ich sehe kein Risiko. Ich sehe das Problem nicht.«)

Auch bleiben die Stellungnahmen zu den in der eigenen Person liegenden Ursachen und Defizite, die den Rückgriff auf Alkohol in der Vergangenheit begünstigten, noch vage und oberflächlich, sodass hier weiterer Vertiefungsbedarf angezeigt ist.

Eine gewonnene tiefere Einsicht in die konkreten Bedingungen und Zusammenhänge des Fehlverhaltens kann zudem nicht angenommen werden, wenn es Herrn H. bis heute unerklärlich ist, warum er entgegen seiner sonstigen geltend gemachten Gewohnheiten an den Delikttagen Alkohol, und zudem im Übermaß, trank, obwohl er mit dem Auto unterwegs war, und warum er sich trotz der Alkoholisierung auf den Nachhauseweg begab (zum Beispiel: »Ich weiß nicht, wie das damals dazu gekommen ist«). Dass es sich hierbei jeweils um untypische Ausnahmesituationen handelte, ist zudem nicht nachvollziehbar. Vielmehr handelte es sich jeweils um gesellschaftsübliche Trinkanlässe, sodass angesichts der geschilderten unreflektierten Haltung gegenüber dem Alkohol sowie der mangelnden Selbstkontrolle gehäufteres Fehlverhalten in ähnlichen Situationen in der Vergangenheit zu vermuten ist.

Angesichts der noch unzureichenden Aufarbeitung und mangelhaften Analyse der situativen und persönlichen Faktoren, die sein Verhalten und insbesondere auch sein Trinkverhalten bedingten, vermochte Herr H. auch noch nicht davon zu überzeugen, dass er zugrunde liegende Defizite hinreichend bearbeitet und konstruktiv überwunden hat und dass er bereits über hinreichend detaillierte und verhaltenswirksame Vermeidungsstrategien verfügt.

Auch ist es zur Absicherung eines dauerhaften Alkoholverzichts als wünschenswert anzusehen, dass Herr H., über die jetzigen Beratungsgespräche hinaus, für sich weitere fremdunterstützende Maßnahmen (zum Beispiel Anschluss an eine Abstinenzlergruppe) ins Auge fasst. Denn nach neueren Unter-

suchungen weiß man, dass die überwiegende Zahl derjenigen, die ohne weitere geeignete Unterstützungsmaßnahmen alkoholfrei bleiben will, wieder rückfällig wird.

Es ist nach den Erkenntnissen unserer medizinisch-psychologischen Untersuchung daher durchaus möglich, dass der Untersuchte gegenwärtig Alkoholkarenz übt. Falls dies zutrifft, reicht dies allein jedoch – wie oben dargelegt – für eine positive Prognose nicht aus. Da eine stabile Alkoholabstinenz derzeit noch nicht abzusichern ist, können auch Fahrten im Zustand alkoholischer Beeinflussung noch nicht mit der notwendigen Wahrscheinlichkeit ausgeschlossen werden.

Rehabilitationsmaßnahmen für alkoholauffällige Kraftfahrer gemäß § 70 FeV sind im vorliegenden Fall nicht empfehlenswert, da eine notwendige, umfassendere Selbstanalyse und eine langfristige Begleitung einer Alkoholabstinenz im Rahmen einer solchen Maßnahme nicht gewährleistet werden können. Vielmehr sind hier weiterreichende Maßnahmen als erforderlich zu erachten.

Abschließende Stellungnahme

Im Ergebnis der medizinischen Untersuchung waren geringe Teleangiektasien im Gesichts- und Nasenbereich auffällig, die auf einen übermäßigen Alkoholkonsum in der Vergangenheit hinweisen können. Anhaltspunkte für einen derzeit bestehenden regelmäßigen Alkoholmissbrauch fanden sich nicht, jedoch konnte ein benannter längerfristiger Alkoholverzicht nicht nachweislich untermauert werden.

Insgesamt kann bei Herrn H. zudem von einer hinreichenden Aufarbeitung der eigenen Alkoholproblematik und ihrer Hintergründe noch nicht ausgegangen werden.

Selbst wenn es zutreffen sollte, dass Herr H. derzeit Alkoholkarenz übt, ist deren Stabilität angesichts der noch unzureichenden Auseinandersetzung mit den persönlichkeitsspezifischen

Hintergründen des Alkoholkonsums und den eigenen Verhaltensbereitschaften sowie der noch unzureichenden Rückfallprophylaxe nicht hinreichend abzusichern.

Beantwortung der Fragestellung

Nach dem Ergebnis unserer medizinisch-psychologischen Untersuchung ist derzeit noch mit erhöhter Wahrscheinlichkeit zu erwarten, dass Herr H. auch zukünftig ein Kraftfahrzeug unter Alkoholeinfluss führen wird.

Es waren keine Leistungsbeeinträchtigungen als Folge eines unkontrollierten Alkoholkonsums festzustellen, die das sichere Führen eines Kraftfahrzeugs der Fahrerlaubnisklassen A und CE infrage stellen würden.

Empfehlung

Wir empfehlen eine erneute Begutachtung unter der Voraussetzung, dass Herr H. dauerhaft und konsequent auf Alkohol verzichtet und dies über einen angemessenen Zeitraum auch nachweislich belegen kann. Wir empfehlen Herrn H. zudem, sich unter fachkundiger Anleitung nochmals vertiefend mit den im Gutachten aufgezeigten Defiziten auseinander zu setzen, insbesondere mit den Hintergründen seines Alkoholmissbrauchs und der Rückfallprophylaxe. Zur langfristigen Absicherung einer Alkoholabstinenz sollte eine solche Maßnahme in den regelmäßigen Besuch einer Selbsthilfegruppe überleiten.

Laborwerte sollten regelmäßig im Abstand von vier bis sechs Wochen erhoben werden.

Zweites Beispielgutachten: Alkohol – positiv

Anlass und Fragestellung der Untersuchung

Herr E. hat die Neuerteilung einer Fahrerlaubnis der Klassen A 1 und B beantragt. Er beauftragte uns, ein Gutachten zur Vorlage bei der zuständigen Fahrerlaubnisbehörde zu erstellen und eine Prognose darüber abzugeben, ob er sich künftig im Straßenverkehr regelgerecht verhalten wird. Die Behörde fragt:

> *Ist zu erwarten, dass Herr E. auch künftig ein Kraftfahrzeug unter Alkoholeinfluss führen wird, und/oder liegen als Folge eines unkontrollierten Alkoholkonsums Beeinträchtigungen vor, die das sichere Führen eines Kraftfahrzeugs der Gruppe 1 (FE-Klassen A 1 und B) infrage stellen?*
>
> *Ist zu erwarten, dass Herr E. auch zukünftig erheblich oder wiederholt gegen verkehrsrechtliche Vorschriften oder Strafgesetze verstoßen wird?*

Herr E. hat Anlass zu dieser Fragestellung gegeben, weil er mehrfach unter erheblichem Alkoholeinfluss ein Kraftfahrzeug geführt hat und darüber hinaus wegen weiterer erheblicher Verstöße gegen verkehrs- und strafrechtliche Bestimmungen auffällig geworden ist (siehe unten: Überblick über die Vorgeschichte).

Überblick über die Vorgeschichte

Aktenübersicht

Es werden die Sachverhalte wiedergegeben, die für die Fragestellung wichtig sind. Aus den Unterlagen der Fahrerlaubnisbehörde ergeben sich folgende Einzelheiten zum Untersuchungsanlass:

- *1998 Erteilung der Fahrerlaubnis der Pkw-Klasse*
- *10.08.1996 Trunkenheitsfahrt gegen 1.30 Uhr, BAK um 1.38 Uhr in Höhe von 0,72 Promille in TE mit Fahren ohne Fahrerlaubnis, Unfall*
- *13.08.1999 Trunkenheitsfahrt gegen 1.00 Uhr, BAK um 2.27 Uhr in Höhe von 1,2 Promille*
- *21.03.2001 MPU DEKRA mit positiver Prognose*
- *30.05.2004 Trunkenheitsfahrt gegen 1.50 Uhr, BAK um 2.15 Uhr in Höhe von 1,39 Promille*
- *13.07.2004 Trunkenheitsfahrt gegen 3.30 Uhr, BAK um 3.30 Uhr, BAK um 3.55 Uhr in Höhe von 0,75 Promille in TE mit vorsätzlichem Fahren ohne Fahrerlaubnis*
- *06/2005 bis 04/2006 Teilnahme an einem Curriculum für Führerscheinbewerber der Diakonie (13 Einzelgespräche)*

Begründung der Eignungsbedenken

Bei Kraftfahrern, die mit und ohne Alkoholeinfluss im Straßenverkehr aufgefallen und überdies auch allgemeinrechtlich in Erscheinung getreten sind, ist mit hoher Wahrscheinlichkeit sowohl mit erneuten Trunkenheitsfahrten als auch mit anderen Verstößen gegen verkehrsrechtliche Bestimmungen zu rechnen. Wissenschaftliche Untersuchungen belegen, dass Fahrer, die unter Alkoholeinfluss (ab 0,8 Promille) am Straßenverkehr teilnehmen, in einer unüblichen, unkontrollierten Weise dem Alkohol zusprechen. Bei einem solchen Trinkverhalten ist eine konsequente Trennung von Trinken und Fahren nicht mehr gewährleistet (Kunkel, E., Trunkenheitsdelikt und Fahreignung, DAR 56, 2, 1987, S. 41 ff.).

Verstöße gegen verkehrsrechtliche Bestimmungen, die nicht unter Alkoholeinfluss begangen werden, als auch strafrechtliche Auffälligkeiten liegen Fehleinstellungen und Gewohnheiten zugrunde, die zu einer Wiederholung dieses Verhaltens und damit zu erhöhter Gefährdung führen (Kunkel, E., Prognose der Auf-

fälligkeit, Köln 1979; Gebers, M. A., Peck, R. C., Basic California Traffic Conviction and Accident Record Facts, Dept. Mot. Vehicles, Sacramento, Ca., 1987; Utzelmann, H. D., Prädiktoren für Rückfälle bei Rehabilitationskursen für Fahrer mit hohem Punktestand, in: Mensch – Fahrzeug – Umwelt, Heft 25, Köln 1990, S. 435–448; Argeriou, M., McCarty, D. and Blacker, E. in Criminality among Individuals Arraigned for Drinking and Driving in Massachusetts, J. Stud. Alc. 46, 6, 1985, 525–530).

Voraussetzung für eine günstige Prognose der Verkehrsbewährung

Im Rahmen der medizinisch-psychologischen Begutachtung wurde Herrn E. Gelegenheit gegeben, für sich günstige Umstände oder Veränderungen geltend zu machen, die den Schluss zulassen, dass die aus der Betrachtung vergleichbarer Kraftfahrergruppen gewonnene Annahme der erneuten Auffälligkeit für ihn nicht (mehr) zutrifft und damit eine günstige Prognose der Verkehrsbewährung gestellt werden kann (Begutachtungsleitlinien zur Kraftfahrereignung, Berichte der Bundesanstalt für Straßenwesen, Heft M 115, Bergisch-Gladbach 2000).

Unter Zugrundelegung der geltenden Beurteilungskriterien (Urteilsbildung in der medizinisch-psychologischen Fahreignungsdiagnostik, Kirschbaum Verlag, Bonn 2005) müssen für eine hinreichende Entlastung von der Annahme der erneuten Auffälligkeit folgende Anforderungen erfüllt sein (Darlegung der geprüften Hypothesen):

- *Die in der Untersuchung erhobenen Befunde (insbesondere das gewonnene Gesamtbild) sind zur Beantwortung der behördlichen Fragestellung im Sinne einer günstigen Verkehrsverhaltensprognose verwertbar.*
- *Liegt eine Alkoholabhängigkeit vor, ist sie ausreichend behandelt beziehungsweise aufgearbeitet; es besteht die begründete*

Erwartung, dass eine stabile Abstinenz eingehalten werden kann.

- *Ist aus der »Lerngeschichte« des Klienten die Notwendigkeit eines Verzichts auf den Konsum alkoholhaltiger Getränke abzuleiten, wird Alkoholverzicht auch konsequent und stabil eingehalten.*
- *Aufgrund eines angemessenen Problembewusstseins und reduzierter Alkoholtrinkmengen sowie einer ausreichenden Steuerungsfähigkeit ist von dauerhaft kontrolliertem Alkoholkonsum auszugehen.*
- *Es besteht keine unkontrollierte Koppelung bestimmter Trinkanlässe mit dem Führen eines Kraftfahrzeugs (mehr).*
- *Eine grundsätzliche antisoziale Einstellung ist nicht erkennbar, und es kann mittlerweile von einer hinreichenden Motivation zur Einhaltung gesetzlicher Bestimmungen ausgegangen werden.*
- *Es kann mittlerweile von einer ausreichenden Selbstkontrolle bei der Einhaltung von Verkehrsregeln (im Sinne ausreichender und realistischer Beobachtungen und/oder Bewertungen eigenen Verhaltens) ausgegangen werden.*
- *Im medizinischen Bereich finden sich keine die Eignung ausschließenden Beeinträchtigungen.*
- *Es bestehen keine verkehrsrelevanten geistigen und/oder psychisch-funktionalen Beeinträchtigungen.*

Werden/Sind eine oder mehrere dieser Voraussetzungen durch den Klienten noch nicht erfüllt, ist gutachterlicherseits zu prüfen, ob die zugrunde liegenden Defizite durch einen Kurs zur Wiederherstellung der Kraftfahrereignung gemäß § 70 Fahrerlaubnisverordnung (FeV) genügend beeinflussbar sind.

Untersuchungsbefunde

Herr E. wurde zu Beginn der Untersuchung über Gegenstand und Zweck der Untersuchung, den gesamten Untersuchungsablauf und die Verfahrensweise bis zur Versendung des Gutachtens informiert.

Psychologische Befunde

Der psychologische Teil der Untersuchung bestand aus einem psychologisch-diagnostischen Gespräch und der Überprüfung des verkehrsbedeutsamen Leistungsverhaltens.

Angaben aus dem 70-minütigen psychologisch-diagnostischen Gespräch (Exploration)

Herr E. hatte Gelegenheit, sich im Gespräch zu seiner Vorgeschichte zu äußern, aber auch die gegenwärtige Situation zu schildern und Vorsätze sowie Zukunftspläne darzustellen. Die für die Begutachtung wesentlichen Punkte sind nachfolgend sinngemäß aufgeführt. Wörtliche Zitate stehen in Anführungszeichen.

Herr E. wurde zu Gesprächsbeginn über den Sinn, die Zielsetzung und die wesentlichen inhaltlichen Aspekte des Explorationsgesprächs (Einstellungs- und Verhaltensänderung sowie deren Stabilität) informiert; außerdem wurde er auf die Bedeutung unrealistischer, widersprüchlicher Angaben für das Ergebnis der Begutachtung hingewiesen.

Die Angaben von Herrn E. wurden während des Gesprächs in den Computer eingegeben. Nach dem Gespräch wurde Herrn E. ein Ausdruck der Gesprächsmitschrift zur Durchsicht vorgelegt, um ihm die Möglichkeit zu geben, Ergänzungen und Korrekturen vorzuschlagen. Nachträgliche Änderungen werden bei Zusätzen kursiv dargestellt und bei Kürzungen als Streichung.

Wir geben diejenigen Passagen sinngemäß oder wörtlich wieder, die für die Beantwortung der Eignungsfrage von wesentlicher Bedeutung sind.

- *Zur Person:*

Herr E., am Untersuchungstag 26 Jahre alt, ist Alten- und Krankenpflegehilfe von Beruf und zurzeit in der Ausbildung zum Maler und Lackierer. Er sei ledig (eine Partnerschaft bestehe). Als Hobbys gab er seinen Hund und ein bisschen Krafttraining an.

- *Zur Verkehrsvorgeschichte:*

Die Fahrerlaubnis der Pkw-Klasse habe er 1998 erworben. Die jährliche Fahrleistung habe bei etwa 30 000 Kilometern gelegen. Seit der letzten aktenkundigen Auffälligkeit (siehe oben) sei nichts mehr vorgefallen.

- *Zur alkoholbedingten Auffälligkeit:*

06/2005 bis 04/2006 Teilnahme an einem Curriculum für Führerscheinbewerber der Diakonie (13 Einzelgespräche)

Was er dort über sich erfahren habe (?): »Ich habe dadurch festgestellt, dass ich alkoholgefährdet bin. Dass ich dazu neige, wenn ich Alkohol trinke, mehr zu trinken, und mich steigere. Ich habe gelernt, mich mehr selbst zu beobachten. Ich habe gelernt, dass man Trinken und Fahren trennen soll. Wenn mir Alkohol angeboten wird, dass ich das dann mit bestimmten Aussagen ablehne.«

Was das für Aussagen seien (?): »Ich sage, dass ich keinen Alkohol trinke. Und ich sage, dass ich etwas anderes trinken möchte. Oder ich sage, dass ich Medikamente nehme. Das wäre eine Ausrede, wenn ich das nicht jedem erzählen möchte, dass ich ein

Alkoholproblem habe. Wenn mir mehrfach Alkohol angeboten wird, verlasse ich den Kreis.«

Wie er das erlebt habe (?): »Es wurde schon gefragt, aber ich habe damit keine Probleme. Den Eltern meiner Freundin habe ich das erzählt, warum das so ist. Weil ich damit Probleme habe. Dann habe ich erzählt, dass ich betrunken gefahren bin. Und dass ich dazu neige, mehr zu trinken. Dass ich mich steigere. Und dass ich da auch bei einer Beratungsstelle bin.«

21.03.2001 MPU DEKRA mit positiver Prognose

Was sein Vorsatz gewesen sei (?): »Ich wollte damals schon meinen Berufsabschluss nachholen. Das habe ich aber nicht gemacht. Dann wollte ich keinen Alkohol mehr trinken. Dabei ist es aber nicht geblieben.«

Warum nicht (?): »Ich bin dann auch wieder weggewesen. Das hat sich dann wieder eingeschlichen.«

Eigene Anteile: »Die Selbstkontrolle war nicht mehr so. Weil ich vielleicht dachte: Jetzt habe ich ja meinen Führerschein wieder, jetzt kann ich ja wieder was trinken. Es war vielleicht nicht intensiv genug, ich habe mich mit dem Problem nicht auseinander gesetzt. Ich habe mir irgendwann keine Gedanken mehr darüber gemacht. Und irgendwann habe ich mir gar keinen Kopf mehr gemacht über das Trinken und Fahren.«

Zur Trinkentwicklung: »Es hat sich erheblich gesteigert, von null auf hundert. In der Arbeitswoche so zehn Bier, täglich zwischen null und vier Bier. Und am Wochenende habe ich dann sechs Bier (0,5 Liter) und dazu gemischt Schnaps, Likör, Wein, Sekt, Alkopops. Ich habe alles getrunken eigentlich. Mal mehr, mal weniger. … Höchstmengen haben bei einer halben Flasche Schnaps pur gelegen. In der Woche einen Kasten Bier. Filmrisse habe es zirka zweimal im Jahr gegeben.«

30.05.2004 Trunkenheitsfahrt gegen 1.50 Uhr, BAK um 2.15 Uhr in Höhe von 1,39 Promille

»Ich bin nachmittags zu meinem Kumpel in den Garten gefahren. Angefangen habe ich gegen 15 Uhr mit zwei Bier. Und gegen 19 Uhr bin ich zu einer Geburtstagsfeier gefahren. Dort habe ich auch noch zwei Bier getrunken und zirka fünf Mixgetränke. Ich hatte die Absicht, dort zu schlafen. Dann sind wir über Schleichwege nach Hause gefahren.«

Ob es Vermeidungsüberlegungen gegeben habe (?): »Ich hatte mir schon Gedanken gemacht, konnte sie aber nicht umsetzen. Ich war ziemlich am Boden. Ich habe mich eher mit Vieltrinkern abgegeben.«

Wie ihm vorher die Trennung gelungen sei (?): »Es gab auch Sachen, wo ich pusten musste, aber das hat sich alles im Rahmen bewegt.«

Ob er denke, dass es noch weitere Trunkenheitsfahrten gegeben habe (?): »Die gab es auch, ja.«

Wie er das für sich selbst reflektiert habe (?): »Ich habe mir zu wenig Gedanken darüber gemacht über das, was gewesen ist. Ich hatte ein ganz schlechtes Gewissen dabei. Ich bin aber trotzdem gefahren, aus Bequemlichkeit.«

Wie er dieses Delikt überdacht habe (?): »Für mich ist erst mal eine Welt zusammengebrochen. Ich bin nicht damit zurechtgekommen. Ich hatte Schlafstörungen. Das war dann so eine Gleichgültigkeit. Ich habe eigentlich noch mehr Alkohol getrunken. Es hat sich nicht viel verändert.«

13.07.2004 Trunkenheitsfahrt gegen 3.30 Uhr, BAK um 3.55 Uhr in Höhe von 0,75 Promille in TE mit vorsätzlichem Fahren ohne Fahrerlaubnis

»Da habe ich eine halbe Flasche Schnaps getrunken. Ich konnte wieder nicht schlafen und wollte mich damit in den Schlaf trinken. Ich bin dann noch zur Tankstelle gefahren, um Zigaretten zu holen.«

Ob es Vermeidungsüberlegungen gegeben habe (?): »Ich hatte Angst zu fahren. Aber auch irgendwie einen Drang. Auf der einen Seite habe ich gedacht: Der Führerschein ist ja eh weg, und auf der anderen Seite: Dann wird es noch schlimmer. Aber dann dachte ich, es ist eh egal. Bin mir über die Gefahr nicht bewusst gewesen, in diesem Zustand andere als nur mich zu gefährden.«

Zum Umgang mit alkoholischen Getränken: »Ich habe 1994 das erste Mal Alkohol getrunken. An Wochenenden, in der Woche nicht. So vier Bier (0,5 Liter) und Wein. Aber Schnaps nicht so. Mit 15 ist es schon mehr geworden, da habe ich auch in der Woche schon mal Bier getrunken, auch so drei bis vier.«

Zum Trinkverhalten zwischen 1996 und 1999: »Das ist gleich bleibend geblieben. Trotz des Unfalls habe ich Alkohol getrunken. Am Wochenende fünf bis sechs Bier, Liköre, Schnaps, Sekt, Wein. In der Woche auch, im Durchschnitt zehn Bier.«

13.08.1999 Trunkenheitsfahrt gegen 1.00 Uhr in Höhe von 1,2 Promille

Im Jahr 2003 sei er auf Montage gewesen, wo es auch Alkoholkonsum während der Arbeitszeit gegeben habe.

Was er als Hintergründe für den Alkoholkonsum sehen würde (?): »Zu wenig Interessen für irgendwelche Hobbys. Eher so mit Freunden treffen, gesellige Abende.«

Eigene Motive: »Man ist gesprächiger geworden, Hemmschwellen sind zurückgegangen, kontaktfreudiger, lustiger, aufgeschlossener.«

Weitere Motive: »Das wahr mehr so zum Lockerwerden. Ich habe auch bei Problemen Alkohol getrunken. Das war aber nicht überwiegend.« Während der Arbeitslosigkeit sei das ganz normal gewesen, dass es Bier gab. Ohne Bier hätte er sich als Außenseiter gefühlt.

Was er denke, warum er den Konsum trotz der negativen Konsequenzen fortgesetzt habe (?): »Eine gewisse Abhängigkeit. Ich neige dazu, Alkohol zu trinken und das zu steigern. Das geht dann über einen längeren Zeitraum. Wenn ich anfange, Alkohol zu trinken, ist es in den nächsten vier bis sechs Wochen vielleicht noch wenig. Aber es schleicht sich dann so ein, dass es wieder mehr wird.« Er habe seine hohe Gewöhnung erkannt, dass er mehr Alkohol brauchte, um ein gewisses Gefühl zu erreichen.

Wie er das letzte Delikt überdacht habe (?): »Ich bin zum Hausarzt gegangen wegen den Schlafstörungen. Ich habe versucht, weniger zu trinken. Zu reduzieren, nicht mehr in der Woche zu trinken. Nur am Wochenende oder nur noch zu besonderen Anlässen. Das hat aber nicht so funktioniert. Ich habe trotzdem noch Alkohol getrunken unter der Woche.«

Was er als Gründe dafür ansehen würde (?): »Das war eine Gewöhnung an den Alkohol und auch an die Leute, mit denen ich abgehangen habe.«

Nachgefragt: »Noch zu wenig Selbstkontrolle. Noch zu wenig mit dem Problem auseinander gesetzt bis hin zu den Gesprächen der Diakonie.«

- *Zu den verkehrs- und strafrechtlichen Delikten:*

Zum Fahren ohne Fahrerlaubnis: »1996 (10.08.1996 Trunkenheitsfahrt gegen 1.30 Uhr, BAK um 1.38 Uhr in Höhe von 0,72 Promille in TE mit Fahren ohne Fahrerlaubnis, Unfall) bin ich bei jemandem mitgefahren zum Freibiertrinken. Ich hatte dort fünf Bier getrunken und war noch unternehmungslustig. Ich habe das Moped meines Bruders gesehen. Ich stand kurz vor der Prüfung. Es hat so gekribbelt, und ich habe es genommen.«

Ob es Vermeidungsüberlegungen gegeben habe (?): »In dem Moment hatte ich keine.«

Wie er sich das erklären würde (?): »Ich habe mir keine Gedanken gemacht. Ich darf zwar nicht, aber ich kann ja.«

Ob er noch öfter ohne Fahrerlaubnis gefahren sei (?): »Bevor das mit dem Unfall war, bin ich schon auf dem Feld schwarzgefahren. Aber so im Straßenverkehr nicht. Mit dem Auto bin ich schwarzgefahren, das habe ich im Wald geübt.«

Wie er sich die Häufung der Trunkenheitsfahrten selbst erklären würde (?): »Ich habe die Gefahren nicht so gesehen.«

Aber er hatte doch einen Unfall (?): »Nach dem Unfall – irgendwann hat sich das wieder verlaufen. Mir ging es gut, nicht mehr darüber nachgedacht, dass mir das nie wieder passiert.«

Wie er seine frühere Einstellung gegenüber Regeln und Gesetzen beschreiben würde (?): »Damals hatte ich mir nicht so den Kopf darüber gemacht.«

Warum nicht (?): »Zu leichtsinnig gewesen.«

Nachgefragt: »Ich dachte, dass das vielleicht nicht so hart bestraft wird. Ich dachte, dass ich eh nicht erwischt werde. Ich stand über den Dingen so drüber – wird schon schief gehen.«

Ob er wisse, was die Gefahr des Fahrens ohne Fahrerlaubnis sei (?): »Man braucht erst mal eine bestimmte Ausbildung. Ich war nicht berechtigt, ein Fahrzeug zu führen.«

- *Überlegung zur Vermeidung weiterer Auffälligkeiten:*

Was sein Vorsatz für die Zukunft sei bezogen auf Alkohol (?): »Abstinenz. Also, ich kann nie sicher sein, dass ich keinen Alkohol mehr trinke. Es wird sicherlich irgendwann noch mal passieren, dass ich ein Glas Alkohol trinke zu besonderen Anlässen. Es wird für mich so sein, dass es ein hervorragendes Ereignis ist.«

Was er noch damit verbinden möchte (?): »Weil man dadurch auch ein bisschen lockerer wird.«

Wie lange er verzichten wolle (?): »So lange wie möglich. Bis ich nicht mehr gefährdet bin.«

Wie er das entscheiden wolle (?): »Das kann ich selber nicht so entscheiden. Das liegt daran: Ich muss weiterhin öfter mal Gespräche führen, um mein Verhalten zu festigen.«

Was er denke, wie man so etwas feststellen kann (?): »Wenn man bei Veranstaltungen ist und keinen Alkohol trinkt. Wenn man sich nicht mehr interessiert, dass andere Alkohol trinken.«

Warum er dann den Konsum wieder aufnehmen wolle (?): »Ich will so weit keinen Alkohol mehr trinken.«

Ob er denke, dass die Gefährdung irgendwann vorbei sei (?): »Das hat mit der Psyche zu tun, welchen Stellenwert der Alko-

hol hat. Es kann sein, dass es dann noch schlimmer wird und ich richtig abhängig werde.«

Wie er sein persönliches Rückfallrisiko einschätzen würde (?): »In Problemsituationen. Um sich abzulenken. Das hat sich erst entwickelt.«

Wie er sich vor einem Rückfall schützen würde (?): »Andere Aktivitäten betreiben, wie zum Beispiel Sport. Ablenkung durch Familie, Gesellschaft, Hobbys, Therapeuten.«

Wie er heute Geselligkeit erleben würde (?): »Ich kann auch lustig sein und Spaß haben ohne Alkohol, habe ich festgestellt. Ich fühle mich viel fitter, habe mehr vom Leben, nehme mehr daran teil. Ich sehe, wie ich früher war, wenn ich andere sehe.«

Wie er weitere verkehrs- oder strafrechtliche Delikte vermeiden wolle (?): »Ich werde mich an die Gesetze halten.«

Womit er das begründen könne (?): »Ich habe genug Lehrgeld bezahlt und will auch nicht noch mal mehr Strafe zahlen.«

Nachgefragt: »Meine Einstellung zu mir selbst. Dass es Gesetze geben muss, sonst würde ja ein Chaos entstehen.«

Was daran heute anders sei (?): »Mir ist das nicht mehr so gleichgültig, und ich setze mich nicht darüber hinweg. Das Trinkverhalten, die Abstinenz. Die Angst vor neuen Delikten mit Straffolgen.«

Wie er sich vor einem Rückfall in das frühere Fehlverhalten schützen könne (?): »Bewusst über sein Handeln in Zukunft: erst denken, dann handeln. Bevor ich irgend etwas tue, erst mal darüber nachdenken, ob es sinnvoll ist. Die Selbstkontrolle, Selbsterfahrung.«

Herr E. ergänzte im Anschluss: »Ich habe Vermeidungsstrategien über Folgen bei Rechtsverstößen nachzudenken«. Beim wiederholten Mal kann eine Gefängnisstrafe anstehen, in meinem Fall beim Fahren ohne Fahrerlaubnis. Durch keinen Versicherungsschutz könnte ich erhebliche Schadenssummen zahlen, Schmerzensgelder, Sachwerte erstatten. Kein Fahrzeug ohne die erforderliche Fahrerlaubnis zu führen ist für mich oberstes Gebot. Durch Vor-Augen-Halten meiner Delikte, die immer im Zusammenhang mit Alkohol standen, werde ich weiter abstinent leben, durch Stärkung in Gesprächen. Ich bin alkoholgefährdet. Dies kann sich nicht von heute auf morgen neutralisieren. Gesetze sind da, um beachtet zu werden – mit nüchternem Verstand und Folgebewusstsein ist das kein Problem.«

Leistungsdiagnostische Befunde

Um abschätzen zu können, inwieweit die für das Führen von Kraftfahrzeugen erforderlichen Leistungsvoraussetzungen vorliegen, wurden im Rahmen der verkehrspsychologischen Eignungsuntersuchungen die nachstehend aufgeführten Testverfahren durchgeführt, deren Ergebnisse in Prozenträngen (PR) angegeben werden. Ein Prozentrang (PR) von 45 bedeutet zum Beispiel, dass 45 Prozent der Bezugsgruppe »Kraftfahrerpopulation« Testergebnisse erzielen, die unter der erreichten Leistung oder gleichauf liegen. Ein PR von 100 steht also für die bestmögliche, ein PR von 0 für die geringste Leistung. Die erreichte Testleistung gilt als hinreichend, wenn für Kraftfahrer der Gruppe 1 ein PR von 16 und für Kraftfahrer der Gruppe 2 ein PR von 33 unter- beziehungsweise überschritten wird.

Das Testsystem ist nach dem Stand der Wissenschaft standardisiert, das heißt reliabel, objektiv und normiert. Seine Validität (Gültigkeit) ist theoriegeleitet begründet und auch unter den Aspekten der Verkehrssicherheit nachgewiesen.

Hierzu verweisen wir unter anderem auf folgende Literatur: Berg, M. und Schubert, W., Das thematische Testsystem »Corporal« zur Erfassung von Fuktionen der Aufmerksamkeit – Innovation für die verkehrspsychologische Diagnostik, Zeitschrift für Verkehrssicherheit, 2/II, 74–81, Köln 1999, TÜV-Verlag; Schubert, W. und Berg, M., Zu einigen methodischen Fragen der Anwendung von psychologischen Testverfahren im Rahmen der Fahreignungsbegutachtung, Zeitschrift für Verkehrssicherheit, I/1, 9–14, Köln 2001, TÜV-Verlag.

Die Darbietung der Testaufgaben erfolgt am Computerbildschirm, zu reagieren ist auf die Lokation (Lage) eines Kreuzes und/oder die Lokation und/oder Orientierung eines »Korporalwinkels« (Richtung, in die die Spitze des Winkels zeigt). Die Reaktionen werden stets auf einem Antwortgerät mit vier Tasten für oben, links, rechts oder unten durch die Testperson eingegeben.

Corporal InterOr *– Test zur Erfassung der selektiven Aufmerksamkeit*

Darbietungsform: *Einzeltest am Computer*

Diagnostizierbare Bereiche: *visuelle selektive Aufmerksamkeit, Konzentrationsfähigkeit*

Aufgabenbeschreibung: *Eine Figur aus drei ineinander gesetzten Winkeln kann am Bildschirm nach oben, links, rechts oder unten zeigen (Orientierung).*

Zu reagieren ist auf die Orientierung der Figuren. Auf einem Antwortgerät mit vier Tasten ist die jeweils richtige Taste für oben, links, rechts oder unten zu drücken. Der Test enthält 128 Aufgaben. Herr E. erzielte folgende Ergebnisse:

	Rohwert	*PR-Wert (Gesamtnorm)*
Leistungskennwert	*1,05*	*31*

Corporal DualC *– Test zur Erfassung der verteilten Aufmerksamkeit*

Darbietungsform: *Einzeltest am Computer*

Diagnostizierbare Bereiche: *visuelle verteilte Aufmerksamkeit, Orientierungsfähigkeit*

Aufgabenbeschreibung: *Eine Figur aus drei ineinander gesetzten Winkeln kann am Bildschirm nach oben, links, rechts oder unten zeigen (Orientierung). Eine zweite Figur, ein Kreuz, befindet sich* *auf der gegenüberliegenden Seite. Zu reagieren ist zuerst auf die Orientierung des Winkels, dann auf die Lokation des Kreuzes. Auf einem Antwortgerät mit vier Tasten ist (zweimal) die jeweils richtige Taste für oben, links, rechts oder unten zu drücken.*

Der Test enthält 64 Aufgaben. Herr E. erzielte folgende Ergebnisse:

	Rohwert	*PR-Wert (Gesamtwert)*
Leistungswert	*0,44*	*16*

Medizinische Befunde

Die ärztliche Untersuchung erfolgte anlassspezifisch und unter spezieller Berücksichtigung der von der Verwaltungsbehörde mitgeteilten Zweifel an der Eignung. Die Vorgeschichte wurde aufgenommen, gezielte anamnestische Erhebungen wurden im Hinblick auf die anlassgebenden Tatsachen durchgeführt.

Anamnese

Die Erhebung der Anamnese ergab, dass Herr E. 1996 bei einem Unfall mit dem Moped eine Rippenserienfraktur rechts mit Pneumothorax (Kollaps der Lunge) und Schädel-Hirn-Trauma mit mehrminütiger Bewusstlosigkeit erlitten habe. Im Anschluss habe sich eine Lungenentzündung entwickelt. Im selben Jahr wurde der Wurmfortsatz operativ entfernt. 1999 habe er im Rahmen einer fremdverschuldeten Schlägerei einen doppelten Kieferbruch erlitten. Weitere Erkrankungen, Operationen oder Verletzungen wurden verneint.

Die Frage nach regelmäßiger Medikamenteneinnahme wurde verneint.

Er sei seit Anfang dieses Jahres Nichtraucher.

Zum Drogenkonsum gab Herr E. an, von Ende 1999 bis An-

fang 2000 an den Wochenenden zirka zwei Tüten Cannabis geraucht zu haben. Den Cannabiskonsum habe er nach wenigen Wochen wegen Unverträglichkeit (Kreislaufprobleme) beendet. Einmal habe er Ecstasy probiert, wegen eines nachfolgenden Hautekzems habe er nie wieder illegale Drogen zu sich genommen. Nach den Trinkgewohnheiten befragt, gab Herr E. an, im 15. und 16. Lebensjahr am Wochenende freitags und samstags jeweils fünf Flaschen Bier getrunken zu haben, vom 17. Lebensjahr an auch an etwa drei Arbeitstagen je zwei Flaschen.

Am Vorabend des 10.08.1996 habe er mit Freunden etwa fünf halbe Liter Bier getrunken. Obwohl er noch nicht im Besitz der Fahrerlaubnis war, fuhr er anschließend mit dem Moped seines Bruders in Richtung Diskothek und verursachte gegen 1.30 Uhr einen Unfall (Blutalkoholkonzentration um 1.38 Uhr 0,72 Promille). Herr E. steigerte in den Folgejahren seine Trinkmengen an den Wochenenden auf insgesamt etwa zehn Flaschen Bier à 0,5 Liter und unterschiedliche Mengen Schnaps, Likör oder Wein.

Am Vorabend des 13.08.1999 habe er auf einer Veranstaltung im Jugendclub über zirka fünf Stunden verteilt drei Gläser Wodka-Cola (zirka 0,15 Liter Wodka pro Glas) und zwei halbe Liter Bier getrunken. Er wollte einen Freund heimfahren und sei nach etwa zwei Kilometern von der Polizei kontrolliert worden (BAK um 2.27 Uhr 1,2 Promille). Er habe trotz Anordnung einer MPU nicht auf Alkohol verzichtet, das Gutachten (BfF der DEKRA in Leipzig) vom Juni 2000 konnte die Fahreignungsbedenken der Behörde nicht ausräumen. Er lebte anschließend acht Monate alkoholabstinent. Ein erneutes medizinisch-psychologisches Gutachten vom 21.03.2001 der DEKRA fiel positiv aus.

Herr E. steigerte nun seine Trinkmengen wieder auf zirka zwei Flaschen Bier pro Tag (mit vereinzelten alkoholfreien Tagen) und fünf bis sechs Flaschen Bier an den Wochenenden, zu Anlässen zusätzlich zirka vier Liköre. Ab Juli 2003 habe er mit Arbeitskollegen (so genannte Montagetätigkeit) täglich vier Bier getrunken, etwa ein Kasten Bier in fünf Tagen. An den Wochenenden habe er größere Mengen an Alkopops und Mixgetränken konsumiert.

Am Vorabend des 30.05.2004 habe er auf einer Geburtstagsfeier fünf Mixgetränke Wodka-Orange à 0,3 Liter und zwei halbe Liter Bier getrunken. Zu Hause habe er schon nachmittags zwei Bier getrunken. Als er seinen Freund heimfahren wollte, geriet er in eine allgemeine Verkehrskontrolle (BAK um 2.15 Uhr 1,39 Promille). Trotz Führerscheinentzugs fuhr er am 13.07.2004 gegen 3.50 Uhr erneut Auto. Er habe Schlafstörungen gehabt und wollte, nachdem er zu Hause eine halbe Flasche Weinbrand à 0,75 Liter getrunken hatte, an der Tankstelle Zigaretten kaufen (BAK um 3.55 Uhr 0,75 Promille).

Da er mit seiner Situation (erhöhter Alkoholkonsum, verschiedene Straftaten, schlechtes Befinden) nicht mehr zurechtkam und unter Schlafstörungen litt, suchte er seinen Hausarzt auf, der ihm riet, sein Leben zu ändern und vor allem Sport zu treiben. Herr E. reduzierte seinen Alkoholkonsum von Juli 2004 an auf zirka vier Flaschen Bier pro Woche plus fünf Bier am Wochenende, trieb viel Sport und leistete gemeinnützige Arbeit, was ihn bewog, seine Trinkmengen auf maximal eine Flasche Bier oder einen Schoppen Wein täglich zu reduzieren.

Vom 14.06.2005 bis 06.04.2006 nahm er nachweislich an einem Curriculum für Führerscheinwiedererwerber der Diakonie (13 Einzelgespräche) teil, in dessen Verlauf er sich, da er kontrolliertes Trinken nicht einhalten könne, entschloss, Abstinenz einzuhalten. Seit Ende Juli 2005 lebe er alkoholabstinent. Entzugserscheinungen habe er nicht verspürt, anfänglich aber psychisches Verlangen nach Alkohol. Er fühle sich seitdem körperlich viel besser und treibe oft Sport. Er habe neue berufliche Perspektiven, betreue einen Hund und werde durch seine Freundin, die kaum Alkohol trinke und mit welcher er in einer gemeinsamen Wohnung lebe, sehr unterstützt.

Körperliche Befunde

Alter: 26 Jahre
Größe: 176 Zentimeter
Gewicht: 73 Kilogramm

Blutdruck im Liegen: 110/75 mm Hg
Puls: 80 Schläge pro Minute

Der in den Akten befindlichen Sehtestbescheinigung vom 20.04.2006 ist zu entnehmen:

Zentrale Sehschärfe (fern):
ohne Glas re.: > 0,7 li.: > 0,7

Die medizinische Untersuchung ergab an den inneren Organen und am Herz-Kreislauf-System keine Befunde von eignungsbedeutsamem Krankheitswert. Im neurologischen Bereich fanden sich keine Normabweichungen. Es gab keine psychischen Auffälligkeiten.

Laboranalytik

Die laborchemische Kontrolle der Laborwerte ergab folgende Befunde:

	SGOT	Norm	SGPT	Norm	Gamma-GT	Norm	MCV	Norm
Datum	U/L	U/L	U/L	U/L	U/L	U/L	fl	fl
21.06.2006	19	-50	12	-50	11	-66	93	81–99

Herr E. legte zudem Laborwerte vom 02.04.2004, 22.04.2005, 17.06.2005, 09.09.2005, 01.12.2005, 11.01.2006, 03.02.2006 und 16.03.2006 vor. Die Werte MCV, Gamma-GT, GOT und GPT lagen immer im Normbereich. Lediglich am 09.09.2005 war die GPT mit 0,85 (Norm bis 0,83) mmol/sl leicht erhöht.

Bewertung der Befunde

Um zu prüfen, ob die unter II. beschriebenen Voraussetzungen erfüllt sind, haben wir nach den Grundsätzen der Anlassbezogenheit die erforderlichen Befunde erhoben, zueinander in Beziehung gesetzt und bewertet.

Wir kommen zu dem Ergebnis, dass Herr E. die Voraussetzungen erfüllt.

Im Folgenden werden wir darstellen, welche Sachverhalte und Schlussfolgerungen zu dieser Beurteilung geführt haben.

Bewertung der medizinischen Befunde

Die Laborwerte liegen im Normbereich gesunder Erwachsener.

Wie die Befunderhebung ergab, wurden in der medizinischen Untersuchung weder bei der körperlichen Untersuchung noch bei den laborchemischen Befunden Normabweichungen gesehen. Es ergaben sich somit keine Anzeichen eines aktuellen Alkoholüberkonsums, noch wurden überdauernde Schäden eines länger währenden Alkoholmissbrauchs festgestellt.

Aufgrund der Befundlage kann daher aus medizinischer Sicht festgestellt werden:

Die oben gestellte Forderung, dass keine Befunde vorliegen dürfen, die auf überhöhten Alkoholkonsum schließen lassen, ist erfüllt. Bei der Bewertung der unauffälligen Befunde ist jedoch zu berücksichtigen, daß trotz überhöhtem Alkoholkonsum Körperschäden nicht immer Nachweis sein müssen.

Bei Zusammenschau der Daten aus der Vorgeschichte kann auf langjährigen Alkoholmissbrauch geschlossen werden.

In den Begutachtungsleitlinien zur Kraftfahrereignung des gemeinsamen Beirats für Verkehrsmedizin beim Bundesministerium für Verkehr, Bau- und Wohnungswesen und beim Bundesminister für Gesundheit (Bergisch Gladbach, Februar 2001) wird Folgendes ausgeführt:

»Missbrauch liegt vor, wenn ein Bewerber oder Inhaber einer Fahrererlaubnis das Führen eines Kraftfahrzeugs und einen die Fahrsicherheit beeinträchtigenden Alkoholkonsum nicht hinreichend sicher trennen kann, ohne bereits alkoholabhängig zu sein. In einem solchen Fall ist der Betroffene nicht in der Lage, den gestellten Anforderungen zum Führen von Kraftfahrzeugen zu entsprechen. (…)

Von Missbrauch ist insbesondere in folgenden Fällen auszugehen:

- *in jedem Fall (ohne Berücksichtigung der Höhe der Blutalkoholkonzentration), wenn wiederholt ein Fahrzeug unter unzulässig hoher Alkoholwirkung geführt wurde,*
- *nach einmaliger Fahrt unter hoher Alkoholkonzentration (ohne weitere Anzeichen einer Alkoholwirkung),*
- *wenn aktenkundig belegt ist, dass es bei dem Betroffenen in der Vergangenheit im Zusammenhang mit der Verkehrsteilnahme zu einem Verlust der Kontrolle des Alkoholkonsums gekommen ist.«*

In einem Kurs für alkoholauffällige Kraftfahrer, an dem Herr E. vom Juni 2005 bis April 2006 teilnahm, wurde ihm ein völliger Verzicht auf Alkoholkonsum angeraten. Seit Ende Juni 2005 werde Alkoholabstinenz eingehalten. Die hiesigen Untersuchungsergebnisse einschließlich der vorgelegten Laborwerte stehen nicht im Widerspruch zu dieser Angabe. Die Äußerungen von Herrn E. zur eigenen Alkoholproblematik lassen eine Auseinandersetzung mit diesem Thema erkennen. Zudem lebt er in einem stabilen sozialen Umfeld.

Somit kann die Prognose hinsichtlich bleibender Alkoholabstinenz günstig eingeschätzt werden.

Weiterhin kann aufgrund der Befundlage aus medizinischer Sicht festgestellt werden: Die oben gestellte Forderung, dass keine Befunde vorliegen dürfen, die die Kraftfahreignung einschränken, ist erfüllt.

Es steht aber nicht die Frage nach der körperlichen Tauglichkeit im Vordergrund der Untersuchung, sondern die Frage, ob die Verhaltenskontrolle so zuverlässig ist, dass es nicht erneut zu erheblichen Verstößen gegen verkehrsrechtliche Bestimmungen kommen wird.

In diesem Zusammenhang wird auf die Bewertung der psychologischen Befunde verwiesen.

Bewertung der Angaben aus dem psychologischen Untersuchungsgespräch (Exploration)

Alkoholfragestellung

Besonders kritisch in diesem Fall sind die zwei weiteren Trunkenheitsfahrten nach einer vorausgegangenen positiven Begutachtung zu werten. Somit wird es nicht nur um die Delikte an sich gehen, sondern vor allem um die Einschätzung und Auseinandersetzung der zugrunde liegenden Alkoholproblematik. Die dazu erfolgte Analyse der Hintergründe als auch die daraus gefolgerten Einstellungs- und Verhaltensänderungen können allerdings als ausreichend durchdacht und wirksam betrachtet werden, was im Folgenden noch näher erläutert wird.

Herr E. kann nachvollziehbar darstellen, wie sich ein Alkoholkonsum über die Zeit verändert hat. Das Entstehen der Trunkenheitsfahrt lässt sich damit durch den früheren Umfang mit Alkohol gut erklären. Herr E. stellt das Delikt nicht als Einzelfall dar und übernimmt die Verantwortung für sein früheres Fehlverhalten: »Ich hatte ein ganz schlechtes Gewissen dabei. Ich bin aber trotzdem gefahren, aus Bequemlichkeit.«

Durch die therapeutischen Gespräche hat er nun ein Verständnis für seine Alkoholproblematik gewonnen: »Ich habe dadurch festgestellt, dass ich alkoholgefährdet bin. Dass ich dazu neige, wenn ich Alkohol trinke, mehr zu trinken und mich zu steigern. Ich habe gelernt, mich selbst mehr zu beobachten.« Die Motivation zum Verzicht ergibt sich aus dem Verständnis der Bedingungen des eigenen Trinkverhaltens und der Erkenntnis der ausgeprägten Alkoholproblematik und ist somit als ausreichend durchdacht und wirksam einzustufen. (»Eine gewisse Abhängigkeit. Ich neige dazu, Alkohol zu trinken und das zu steigern. Das geht dann über einen längeren Zeitraum. Wenn ich anfange, Alkohol zu trinken, ist es in den nächsten vier bis sechs Wochen vielleicht noch wenig. Aber es schleicht sich dann so ein, dass es wieder mehr wird.«)

So konnte er neben den erlebten Vorteilen (Probleme bewältigen, sich lockerer fühlen, einschlafen, nicht Außenseiter sein) vor allem auch das Misslingen der früheren Vorsätze reflektieren. (»Die Selbstkontrolle war nicht mehr so. Weil ich vielleicht dachte: Jetzt habe ich ja meinen Führerschein wieder, jetzt kann ich ja wieder was trinken. Es war vielleicht nicht intensiv genug, ich habe mich mit dem Problem nicht mehr auseinander gesetzt.«) Dies ist besonders wichtig, da es Aufschluss über die Mechanismen der Alkoholproblematik gibt. Erst mit dem Wissen kann man wirksame Vermeidungsüberlegungen gegen erneute Rückfalle erarbeiten. Dass er auch hier eigene Anteile benennen kann und die Verantwortung für sein früheres Verhalten übernimmt, zeugt von einer guten Selbstbeobachtung und der Fähigkeit, sich kritisch mit sich selbst zu beschäftigen. Durch die kritische Aufarbeitung wird klar, dass Herr E. die der Suchtgefährdung zugrunde liegenden Bedingungen erkannt hat und fähig ist, ihnen wirksam zu begegnen. Auch ein Bewusstsein über die Rückfallrisiken besteht. (»In Problemsituation. Um sich abzulenken.«)

Zum Schutz davor wurden Veränderungen erarbeitet, die sich auf die beschriebenen Hintergründe beziehen: »Andere Aktivitäten betreiben, wie zum Beispiel Sport. Ablenkung durch Familie, Gesellschaft, Hobbys, Therapeuten.« Durch neue Erfahrungen ist Herr E. zu einer angemessenen Integration des Verzichts gelangt: »Ich kann auch lustig sein und Spaß haben ohne Alkohol, habe ich festgestellt. Ich fühle mich viel fitter, habe mehr vom Leben, nehme mehr daran teil.«

Vor allem der Umgang mit Verführungssituationen wurde sehr detailliert und durchdacht dargestellt: »Ich sage, dass ich keinen Alkohol trinke. Und ich sage, dass ich etwas anderes trinken möchte. Oder ich sage, dass ich Medikamente nehme. Das wäre eine Ausrede, wenn ich das nicht jedem erzählen möchte, dass ich ein Alkoholproblem habe. Wenn mir mehrfach Alkohol angeboten wird, verlasse ich den Kreis.« Der Zeitraum des Verzichts ist medizinisch belegt und als ausreichend anzusehen.

Aus unserer Sicht ist ebenfalls von einem verzichtspflichtigen Missbrauch auszugehen, da Kontrollverlust (Filmrisse) bestan-

den, mehrere Trunkenheitsfahrten verzeichnet wurden, selbst nach einer positiven Begutachtung Versuche der Konsumreduktion misslangen. Das hat auf die aktuell angegebene Verhaltensänderung keinen Einfluss, sollte aber insofern berücksichtigt werden, als dass für Herrn E. auch zukünftig ein kontrollierter Alkoholkonsum nicht infrage käme.

In diesem Aspekt ist Herr E. aber noch nicht sicher, wenn er angibt: »Es wird sicherlich irgendwann noch mal passieren, dass ich ein Glas Alkohol trinke zu besonderen Anlässen. Es wird für mich so sein, dass es ein hervorragendes Ereignis ist.« Dabei wurde eine Sichtweise erkennbar, die nicht mit den oben genannten Erkenntnissen zu vereinbaren ist: »Bis ich nicht mehr gefährdet bin.« Zudem wurde allerdings keine deutliche Motivation zur Aufgabe des Verzichts erkennbar: »Ich will so weit keinen Alkohol mehr trinken.« Bei der Klärung dieses Widerspruchs machte Herr E. dann aber nochmals seine Einsichten deutlich: »Das hat mit der Psyche zu tun, welchen Stellenwert der Alkohol hat. Es kann sein, dass es dann noch schlimmer wird und ich richtig abhängig werde.« Dieser Aspekt wurde im Nachgespräch nochmals thematisiert, wo Herr E. sich offen und bereit zu einer weiteren Reflexion zeigte. Gleichwohl wurde Herr E. aufgefordert, diesen Punkt nochmals zu überdenken.

Zusammenfassend hat Herr E. trotz des einen bedenklichen Aspekts ausreichend Einsicht und Akzeptanz bewiesen, sich mit seinem Alkoholmissbrauch kritisch auseinander zu setzen. Damit kann auch eine zukünftige Selbstkontrolle und Analyse eigener Einstellungen und Verhaltensweisen erwartet werden, die die Wahrscheinlichkeit einer Wiederholung einer Trunkenheitsfahrt ausreichend vermindern.

Verkehrs- und strafrechtliche Fragestellung

Auch zu den verkehrs- und strafrechtlichen Aspekten der Delikte gab Herr E. ausreichend reflektierte Auskunft. Die Gründe für die Fortführung des Alkoholkonsums trotz mehrerer Delikte wurde bereits bei der Alkoholfragestellung ausführlich behandelt. Es wurde eine ausreichende Einsicht in die Mechanis-

men der Alkoholproblematik erreicht und der Verzicht kann als ausreichend durchdacht und stabil gewertet werden. In dieser Hinsicht sind keine weiteren Trunkenheitsfahrten zu erwarten (Gesetze sind da, um beachtet zu werden – mit nüchternem Verstand und Folgebewusstsein ist das kein Problem).

Darüber hinaus stellt sich aber auch noch die Frage nach den früheren Einstellungen gegenüber Regeln und Gesetzen und deren Einfluss auf die Delikte. Hierzu wurde erkennbar, dass Herr E. seine ehemaligen Denkweisen aufgearbeitet hat: »Nach dem Unfall – irgendwann hat sich das wieder verlaufen. Mir ging es gut, nicht mehr darüber nachgedacht. Und auch gedacht, dass es mir nie wieder passiert.« Dabei wurden vor allem bagatellisierende Ansichten deutlich: »Ich darf zwar nicht, aber ich kann ja.«

Aber auch die erhöhte Risikobereitschaft konnte erkannt werden: »Zu leichtsinnig gewesen.«

Nachgefragt: »Ich dachte, dass das vielleicht nicht so hart bestraft wird. Ich dachte, dass ich eh nicht erwischt werde. Ich stand über den Dingen so drüber – wird schon schief gehen.« Damit kann eine selbstkritische Identifikation und Bewertung persönlicher Faktoren für die wiederholten Verkehrsauffälligkeiten aus den Angaben abgeleitet werden.

Die von ihm ausgegangene Gefährdung kann er nun erkennen: »Bin mir über die Gefahr nicht bewusst gewesen, in diesem Zustand andere als nur mich zu gefährden.«

Insgesamt ist er sich seiner Verantwortung in der Gemeinschaft bewusster geworden und zu einer regelkonformen Sichtweise gelangt: »Dass es Gesetze geben muss, sonst würde ja ein Chaos entstehen.«

Zur Einhaltung seiner Vorsätze hat er neben dem Verzicht neue Verhaltensweisen entwickelt, die eine verlässliche Umsetzung erwarten lassen: »Bewusst über sein Handeln in Zukunft: erst denken, dann handeln. Bevor ich irgend etwas tue, erst einmal darüber nachdenken, ob es sinnvoll ist. Die Selbstkontrolle, Selbsterfahrung.«

Letztendlich ließen sich keine weiteren gefährlichen oder risikofreudigen Einstellungen in Bezug auf den Umgang mit Verkehrsregeln oder Gesetzen feststellen.

Zusammenfassend gehen wir von einer positiven Prognose aus. Aufgrund der Angaben von Herrn E. halten wir die Selbstanalyse und die daraus abgeleiteten Einstellungs- und Verhaltensänderungen für ausreichend, um die Wahrscheinlichkeit von zukünftigen Verstößen gegen verkehrsrechtliche oder strafrechtliche Bestimmungen als wesentlich verringert betrachten zu können.

Bewertung der testpsychologischen Untersuchung

Nach der orientierenden Überprüfung des Leistungsverhaltens können bei Herrn E. die leistungsmäßigen Voraussetzungen zum sicheren Führen eines Kraftfahrzeugs der Gruppe 1 angenommen werden. Persönliches Tempo und Reaktionskapazität des Untersuchten reichen aus, um Verkehrssituationen schnell und sicher zu bewältigen.

Beantwortung der Fragestellung

Wir hatten zu untersuchen, ob Herr E. aufgrund der bekannten Daten aus der Vorgeschichte künftig in ähnlichem Ausmaß die Verkehrssicherheit beeinträchtigen wird wie die Personengruppe mit vergleichbaren Vorgeschichtsdaten. Diese begründete Annahme hat sich nach den in Abschnitt IV getroffenen Feststellungen nicht bestätigt. Die uns von der Behörde gestellten Fragen können wir daher wie folgt beantworten:

- *Es ist nicht zu erwarten, dass Herr E. auch zukünftig ein Kraftfahrzeug unter Alkoholeinfluss führen wird.*
- *Es ist nicht zu erwarten, dass Herr E. auch zukünftig erheblich oder wiederholt gegen verkehrsrechtliche Vorschriften oder Strafgesetze verstoßen wird.*
- *Es liegen als Folge eines unkontrollierten Alkoholkonsums keine Beeinträchtigungen vor, die das sichere Führen eines Kraftfahrzeugs der Gruppe 1 (FE-Klassen A 1 und B) infrage stellen.*

Soweit das bei den ausstehenden Informationen (medizinische Werte) möglich war, haben wir Herrn E. das positive Ergebnis der Untersuchung erläutert.

Drittes Beispielgutachten: BTM – negativ

Medizinisch-Psychologisches Gutachten

L

LABOR

DR. REISING-ACKERMANN UND PARTNER

Strümpellstraße 40 04289 Leipzig
Tel.: 0341/6565100 Fax: 0341/6565400

[redacted]

HH

Patient : [redacted]
Gebdat. : [redacted]
Geschl. : männlich
Kennung :
Einsender: [redacted]
Diagnose :

Befundbericht

Endbefund: [redacted] [redacted]
Eing/Ausg: [redacted]

Untersuchung/Methode	Wert	Dim.	Normber.	Vorbefund
Probe 01: Urin				

Drogenscreening C/"Einstieg"

Amphetamine i.U. **negativ**
Schwellenwert (Cutoff) des immunologischen Nachweises:
500 ng/ml bezogen auf d-Amphetamin

Durch den Test werden erfaßt :
Alle Amphetamine und Amphetamin-ähnliche Substanzen.

Cannabinoide i.U. **negativ**
Schwellenwert (Cutoff) des immunologischen Nachweises:
50 ng/ml bezogen auf 11Nor-delta9-THC-9-Carbonsäure

Kreatinin / Spontanurin /Droge 770 µmol/l 3200 - 999999.
Normbereiche für Spontanurin nicht bekannt. Nur Angabe eines unteren Grenzwertes der Hinweis auf Diureseeffekte geben kann. Dies ermöglicht eine Beurteilung der Analysenergebnisse insbesondere im Hinblick auf eine mögliche Probenmanipulation.

Aufgrund des stark erniedrigten Kreatininwertes besteht der Verdacht einer Manipulation (Verdünnung) der Probe. Zur Kontrolle wird daher die Neueinsendung einer entsprechend gesicherten Probe (Sichtkontrolle, Temperaturmessung) empfohlen!

validiert durch: Dr.Reising-Ackermann
*) Leistung im LD, ª) Fremdleistung Seite 1 letzte Seite

Dr.med. Gisela Reising-Ackermann Fachärztin für Labormedizin/Endokrinologie
Dr.med. Jörg Leupold Facharzt für Transfusionsmedizin
Dr.med. Annechristin Meiner Fachärztin für Humangenetik
Dr.rer.nat. Lutz Baumann Fachbiologe d. Medizin/Mikrobiologie
Dr.med. Dirk Sühnel Facharzt für Labormedizin
Dr.med. Wolfgang Voerkel Facharzt für Transfusionsmedizin
Dr.med. Ines Hoffmann Fachärztin f. Mikrobiolog./Infektionsepid.
Dr.med. Evelyn Kirchner Fachärztin für Labormedizin

Auf Veranlassung der oben genannten Behörde unterzog sich Herr R. am 05.09.2005 einer medizinisch-psychologischen Fahreignungsuntersuchung.

Herr R. hat die Neuerteilung der Fahrerlaubnis der Klassen A und B beantragt. Behördlicherseits bestehen jedoch erhebliche Bedenken bezüglich der Eignung des Untersuchten zum Führen von Kraftfahrzeugen. Die Bedenken resultieren ***aus*** *folgender Sachlage: Auffälligkeiten im Straßenverkehr am 13.05.2005 gegen 23.00 Uhr (Nachweis von Amphetaminen) sowie am 30.09.2004 gegen 19.55 Uhr (Nachweis von Cannabinoiden). Die Gutachtenerstellung verzögerte sich, da die Ergebnisse der Drogenscreeningbefunde erst am 12.09.2005 bei uns vorlagen und der Untersuchte eine Bescheinigung über ein Beratungsgespräch nachreichte (Posteingang: 19.09.2005).*

Fragestellungen der Verwaltungsbehörde

Kann Herr R. trotz der Hinweise auf Missbrauch von Betäubungsmitteln ein Kraftfahrzeug der Gruppe 1und/oder 2 sicher führen? Ist insbesondere zu erwarten, dass er zukünftig ein Kraftfahrzeug nicht unter dem Einfluss von Betäubungsmitteln oder deren Nachwirkungen führen wird?

Das vorliegende Gutachten wurde auf der Grundlage der Festlegungen in der geltenden Fahrerlaubnisverordnung (FeV) zur Begutachtung der Eignung zum Führen von Kraftfahrzeugen erstellt. In fachwissenschaftlicher Hinsicht wurden die »Begutachtungsleitlinien zur Kraftfahrereignung« (Berichte der Bundesanstalt für Straßenwesen, Mensch und Sicherheit, Heft M 115, 2000), der »Kommentar zu den Begutachtungsleitlinien zur Kraftfahrereignung, Kommentar«, Kirschbaum Verlag 2003, sowie die »Beurteilungskriterien« (Schubert, Mattern, Urteilsbildung in der medizinisch-psychologischen Fahrerlaubnisdiagnostik, Beurteilungskriterien, Kirschbaum Verlag 2005) zugrunde gelegt. Die von der Behörde bereitgestellten Unterlagen wurden eingesehen.

Entsprechend der Fahrerlaubnisverordnung sind Fahreignungsuntersuchungen anlassbezogen durchzuführen. Es war demzufolge nicht auf die Gesamtheit der Persönlichkeit des Untersuchten einzugehen, sondern es waren nur solche Eigenschaften, Fähigkeiten und Verhaltensweisen zu betrachten, die für die Kraftfahrereignung von Bedeutung sind (vgl. Anlage 15 Punkt 1 der FeV).

Der Vorgang der Verwaltungsbehörde wurde eingesehen.

Sofern fachärztliche Gutachten oder Stellungnahmen vorliegen, wurden diese entsprechend berücksichtigt.

Herr R. wurde zu Beginn der heutigen Untersuchungen über den Gegenstand und den Zweck der Untersuchung und über den Untersuchungsablauf informiert. Darüber hinaus wurde ihm die Verfahrensweise bis zur Versendung des Gutachtens mitgeteilt.

Zur Vorgeschichte und zur Prognose

Herr R. ist laut Aktenlage wiederholt mit Betäubungsmitteln auffällig geworden. Ein in Zukunft missbräuchlicher Umgang mit Betäubungsmitteln mit der Gefahr einer Kopplung von Drogenkonsum und Verkehrsteilnahme ist deshalb nicht unwahrscheinlich.

Wer Betäubungsmittel im Sinne des Betäubungsmittelgesetzes nimmt oder davon abhängig ist, ist nicht in der Lage, den gestellten Anforderungen zum sicheren Führen von Kraftfahrzeugen gerecht zu werden (vgl. Begutachtungsleitlinien zur Kraftfahrereignung des Gemeinsamen Beirats für Verkehrsmedizin). Der Gebrauch von Betäubungsmitteln setzt nachgewiesenermaßen die körperlich-psychische Leistungsfähigkeit eines Kraftfahrers unter das erforderliche Maß herab. Der besondere Wirkungsablauf kann jederzeit zu unvorhergesehenen Beeinträchtigungen der fahreignungsrelevanten Leistungsfähigkeit führen und/oder die Fähigkeit zu verantwortlichen Entscheidungen erheblich beeinträchtigen und eine erhöhte Gefährdung insbesondere für andere Verkehrsteilnehmer nach sich ziehen.

Die aus der vorgenannten Situation resultierenden Bedenken an der Kraftfahrereignung können nur dann zurückgestellt werden, wenn der Nachweis geführt wird, dass kein Betäubungsmittelkonsum besteht beziehungsweise mehr besteht. Dies muss nachvollziehbar dargelegt werden können.

Bei Abhängigkeit ist in der Regel eine erfolgreiche Entwöhnungsbehandlung zu fordern, die stationär oder im Rahmen anderer Einrichtungen für Suchtkranke erfolgte. Nach der Entgiftungs- und Entwöhnungszeit ist im Allgemeinen eine einjährige Abstinenz durch ärztliche Untersuchungen nachzuweisen, auf der Basis von mindestens vier unvorhersehbar anberaumten Laboruntersuchungen innerhalb dieser Jahresfrist in unregelmäßigen Abständen oder durch eine Haaranalyse, die einen entsprechend langen Zeitraum abdeckt. Bei BTM-Abhängigkeit ist zudem eine auf die Dauer abgestellte Abstinenzmotivation zu fordern, was wiederum psychische Stabilität und ein problembewusstes, verhaltenswirksames Selbstverständnis als suchtkranker Mensch voraussetzt.

Für BTM-Konsum wie für -Abhängigkeit gilt: Eine die Drogenproblematik eventuell mit bedingende Persönlichkeitsproblematik muss erkannt und entscheidend korrigiert worden sein. Voraussetzungen für eine positive Fahreignungsprognose sind neben den inneren Bedingungen (Einsicht, einschlägige Kenntnisse, Selbstkontrolle, Wertsetzungen) eine positive Lebensweise, gestützt durch entsprechende Faktoren in den Lebensverhältnissen (soziales Umfeld, Engagement in beruflicher und privater Hinsicht), und deren Bewertung durch den Untersuchten. Zudem dürfen im körperlichen Bereich keine Befunde vorliegen, die auf missbräuchlichen Drogenkonsum (oder auch Alkoholkonsum) hindeuten, und es dürfen keine verkehrsrelevanten Leistungs- oder Funktionsstörungen infolge früheren Drogenmissbrauchs vorliegen.

Medizinischer Teil
Gutachterin: Dr. med. Angela Werrmann

Anamnesedaten

Nach Angaben des Untersuchten in einem entsprechenden Fragebogen und im ärztlichen Untersuchungsgespräch liegen keine für das Ergebnis der heutigen Fahreignungsuntersuchung bedeutsamen Erkrankungen, Unfälle oder Operationen in der Vorgeschichte vor. Keine regelmäßige Medikamenteneinnahme. Eine frühere Behandlung im Zusammenhang mit Betäubungsmittelmissbrauch oder im Zusammenhang mit Alkoholmissbrauch wurde ausdrücklich verneint. Herr R. sei etwa fünfmal zur Beratung in der Suchtberatungsstelle Torgau gewesen (derzeit nicht).

Herr R. gab mündlich und auf einem entsprechenden Fragenblatt folgenden Drogenkonsum in folgenden Zeiträumen an: erster Drogenkonsum Anfang 2004 (Joint geraucht), letzter Drogenkonsum am 14.05.2005 (Joint geraucht, Crystal geschnupft), auch Kokain und Methamphetamine probiert. Konsum am Häufigkeitsgipfel: ein- bis zweimal pro Woche und am Wochenende (Freitag, Samstag, Sonntag schon weniger). Alkohol spielte nie eine Rolle; jetzt zu besonderen Anlässen (etwa fünfmal im Jahr) maximal ein bis zwei Flaschen Bier à 0,5 Liter.

Untersuchungsbefunde

19-jähriger Mann in gutem Allgemein- und Ernährungszustand

Gewicht:	*75 Kilogramm bei einer Körpergröße von 181,3 Zentimetern*
Blutdruck:	*110/70 mmHg; Puls: 70 Schläge pro Minute, regelmäßig*
Kardiopulmonaler Befund:	*unauffällig (keine Insuffizienz-Zeichen, keine Ruhedyspnoe)*

Abdomen:	*Leber nicht tastbar;* *keine pathologischen Resistenzen*
Extremitäten:	*frei beweglich; keine Parasen*
ZNS:	*Muskelreflexe seitengleich auslösbar;* *keine Hirnnervenstörungen;* *Pupillenreaktion auf Licht und Konvergenz prompt, seitengleich und regelrecht auszulösen*
Vegetativum:	*unauffällig*
Haut:	*keine relevanten Auffälligkeiten, insbesondere keine Einstichstellen, Abszessbildungen, Ulcerationen und Narben*
Koordination:	*unauffällig*
Augen:	*siehe Bescheinigung vom 07.06.2005*

Urinabgabe unter Sichtkontrolle des untersuchenden Arztes

Labortest: *Drogensuchprogramm im Urin (CEDIA)*

(Laborwerte vom 07.09.2005, Endbefund vom 09.09.2005):

Substanz	*Ergebnis*	*Referenz-Bereich*	*Maßeinheit*
Opiate:	*negativ*	<	*200 ng/ml*
Kokain:	*negativ*	<	*30 ng/ml*
Cannabinoide:	*negativ*	<	*15 ng/ml*
Amphetamine:	*negativ*	<	*250 ng/ml*
Barbiturate:	*negativ*	<	*300 ng/ml*
Benzodiazepine:	*negativ*	<	*50 ng/ml*
Methadon:	*negativ*	<	*100 ng/ml*
(gemessen als EDDP – Hauptmetabolit von Methadon)			
LSD:	*negativ*	<	*0,5 ng/ml*
Kreatinin im Urin:	*82*	>	*20 mg/dl*

Vorgelegte Befunde:
Laborwerte vom 24.05.2005:

Untersuchungsmaterial: Urin

Haschisch (Cannabinoide) – nicht nachweisbar
Nachweisgrenze: 25 ng/ml
Methode: CEDIA, Firma Roche

Kreatinin (zur Berechnung) 1334 mg/l
Normalwerte: 280 bis 2170 mg/l

Laborwerte vom 29.08.2005:

Untersuchungsmaterial: Urin

Amphetamine, qual. – nicht nachweisbar
Nachweisgrenze: 500 ng/ml
Methode: CEDIA, Firma Roche

Barbiturate, qual. – nicht nachweisbar
Nachweisgrenze: 200 ng/ml
Methode: CEDIA, Firma Roche

Kokain, qual. – nicht nachweisbar
Nachweisgrenze: 150 ng/ml
Methode: CEDIA, Firma Roche

Haschisch (Cannabinoide) – nicht nachweisbar
Nachweisgrenze: 25 ng/ml
Methode: CEDIA, Firma Roche

Methadon, qual. (als EDDP) – nicht nachweisbar
Nachweisgrenze: 100 ng/ml
Methode: CEDIA, Firma Roche

Opiate, qual. – nicht nachweisbar
Nachweisgrenze: 300 ng/ml
Methode: CEDIA, Firma Roche

Benzodiazepine, qual. – nicht nachweisbar
Nachweisgrenze: 200 ng/ml
Methode: CEDIA, Firma Roche

Kreatinin (zur Berechnung) 500 mg/l
Normalwerte: 280 bis 2170 mg/l

Psychologischer Teil
Gutachter: Dipl.-Psychologe Dr. rer. nat. Udo Kranich

Allgemeine Angaben

Mittels einer anlassbezogenen schriftlichen Befragung wurden persönliche Daten erhoben, die die allgemeine und die berufsbezogene Lebenssituation des Untersuchten betreffen. Die entsprechende Information diente dazu, mögliche Rahmenbedingungen kennen zu lernen, die gemäß fachwissenschaftlicher Erfahrungen für die Beantwortung der behördlichen Fragestellung von Bedeutung sein können. Unter Bezug auf die Fahrerlaubnisverordnung (Anlage 15 Punkt 1) werden persönliche Daten zur Lebenssituation (im Teil »Explorationsdaten«) nur dann wiedergegeben, wenn sie im vorgenannten Sinne von Bedeutung sind.

- *Verkehrserfahrung:*

Hinsichtlich seiner Verkehrserfahrung teilte Herr R. mit, dass er seit 2001 im Besitz eines Führerscheins war. Insgesamt habe er etwa 100 000 Kilometer aktiv am Straßenverkehr teilgenommen und in den letzten zwölf Monaten des Führerscheins etwa 60 000 Kilometer zurückgelegt.

- *Exploration:*

In der psychologischen Exploration, dem Untersuchungsgespräch zur Vorgeschichte, ging es um die Erfassung der indi-

viduellen Prognosebedingungen des Untersuchten. Insbesondere wurden die aktenkundigen Verhaltensauffälligkeiten besprochen. Um einschätzen zu können, ob mit einschlägigem Fehlverhalten auch noch in Zukunft zu rechnen ist oder nicht, wurden die derzeitigen Einstellungen und Verhaltensbereitschaften des Untersuchten analysiert. Die Angaben des Untersuchten wurden handschriftlich und zum Teil wörtlich protokolliert.

(Untersuchungsgespräch von 12.51 bis 13.23 Uhr)

Explorationsdaten

Nachfolgend werden die für die Beantwortung der Fragestellung wesentlichen Inhalte des psychologischen Untersuchungsgesprächs wiedergegeben. Gegebenenfalls werden hier auch schriftliche Angaben mit dargestellt. Im psychologischen Untersuchungsgespräch erhielt Herr R. zunächst Gelegenheit, sich zu den vorliegenden Delikten zu äußern.

Im Zusammenhang mit dem Delikt vom 30.09.2004 führte Herr R. an, dass er bei einem Kumpel zu Hause einen Joint geraucht habe. Er habe dann mit diesem noch woandershin fahren wollen, sei nach zirka 30 Kilometern Fahrstrecke in eine Polizeikontrolle geraten. Ihm sei bewusst gewesen, dass er eigentlich nicht hätte fahren dürfen. Er habe jedoch die Meinung vertreten, dass es gut gehen werde. Er sei ins Fahrzeug eingestiegen, ohne nachzudenken. »Man macht sich keine Waffel darüber.«

Warum er Drogen konsumiert habe (?): »Das kann ich nicht sagen, weiß ich nicht, halt beim Kumpel gewesen.«

Zum Delikt vom 13.05.2005 führte der Untersuchte an, dass er in Riesa gewesen sei. Ein Freund habe Alkohol konsumiert, sei schließlich betrunken gewesen. Herr R. habe eine »Line« gezogen. Schließlich habe er dann heimfahren wollen, sei nach 20 Kilometern Fahrstrecke in eine Polizeikontrolle geraten. Ihm sei bewusst gewesen, dass er eigentlich nicht hätte fahren dürfen.

Als Grund für den Rückfall gab der Untersuchte an, dass er die Strafe nach dem ersten Delikt noch nicht erhalten habe. Auch habe er des Öfteren, nicht nur zu den vorliegenden Delikten, nach Drogenkonsum ein Fahrzeug geführt.

Zu seinen Drogenkonsumgewohnheiten teilte Herr R. Folgendes mit: Er habe »Anfang bis Mitte 2004« erstmals Drogen konsumiert. Als durchschnittliche Menge am Wochenende nannte der Untersuchte ein bis zwei Gramm Cannabis, ein halbes Gramm Amphetamine. Es sei auch vorgekommen, dass er in der Woche mal einen Joint oder einen Bong konsumierte.

Zur Frage »Wann war der letzte Drogenkonsum?« antwortete Herr R.: »Weiß ich nicht genau, ich glaube vor etwa drei Monaten.« Auf Nachfrage äußerte der Untersuchte dann des Weiteren, dass er seit dem letzten Delikt keine mehr konsumiert habe.

Warum haben Sie Drogen konsumiert? »Falscher Freundeskreis vielleicht. Da ist der Gruppenzwang auch da, wenn man keinen richtigen Willen hat.« Als Gründe für den vollständigen Drogenverzicht führte der Untersuchte zum einen seine Lehrstelle und die Familie und zum anderen auch den Verlust des Führerscheins und die Gefährdung anderer Mitmenschen durch Drogenkonsum.

Wie er aus heutiger Sicht seinen Drogenkonsum einschätzen würde (?): »Es war schon ein Problem gewesen.« Herr R. betonte, dass er freiwillig eine Suchtberatungsstelle aufgesucht habe (Bescheinigung über ein Beratungsgespräch lag vor).

Zur Frage, ob er durch Drogenkonsum auch Nachteile erlebt habe, äußerte Herr R., dass es Probleme mit seinen Eltern gegeben habe. Auch sei er »faul geworden«.

Nochmals nachgefragt, warum er seinen Drogenkonsum einstellte, antwortete Herr R.: »Ich habe einen Schlussstrich gezogen. Das erste Mal hätte eigentlich schon reichen müssen, das zweite Mal war pure Dummheit. Das bringt doch am Ende eh nichts. Da sitzt man da ohne Führerschein und muss mit dem Bus fahren.« Seitdem er keine Drogen mehr zu sich nehme, fühle er sich insgesamt besser, auch die Beziehung zu seinen Eltern habe sich harmonisiert. Er habe eine Leistungssteigerung festgestellt. Auch auf der Arbeit sei er leistungsfähiger.

Wie er in Zukunft mit Drogen umgehen wolle (?): Herr R. betonte, dass er ein normales Leben ohne Drogen führen wolle. Auf Nachfrage führte der Untersuchte weiterhin an, dass er es ausschließe, jemals in seinem Leben wieder Drogen zu konsumieren.

Wie er die Rückfallgefahr beurteile (?): »Die Rückfallgefahr ist nicht groß, würde ich sagen.«

Zur Frage »Wie wollen Sie in Zukunft eine Kopplung von Drogenkonsum und Führen eines Kraftfahrzeugs sicher vermeiden?« äußerte Herr R.: »Abstand vom alten Freundeskreis, mehr mit der Freundin unternehmen, mich auf Dinge, die im Leben wichtig sind, konzentrieren.«

Vor Abschluss des psychologischen Untersuchungsgesprächs wurde dem Untersuchten nochmals Gelegenheit gegeben, aus seiner Sicht relevante Sachverhalte und Aspekte darzustellen beziehungsweise zu präzisieren, insbesondere solche Gesichtspunkte, die nach seiner Auffassung nicht ausreichend ins Gespräch eingeflossen waren. Diesbezüglich hatte der Untersuchte keine Ergänzungen oder weitere Anmerkungen zu machen. Deshalb wurde das Gespräch beendet.

Bei dem Punkt im Fragebogen über laufende Verfahren hat der Untersuchte keine Eintragung vorgenommen.

Psychophysische Funktionsprüfung

Für die komplexe Beantwortung der Fragestellung der heutigen Untersuchung wurde bei Herrn R. eine psychophysische Leistungsuntersuchung durchgeführt. Damit war zu prüfen, ob Leistungsbeeinträchtigungen vorliegen, die gegebenenfalls auf Betäubungsmittelmissbrauch zurückzuführen sind. Eine besondere Rolle spielen im Zusammenhang mit der Fahreignung das Reaktionsvermögen, die Belastungsverträglichkeit und die Konzentrationsfähigkeit. Ihre Validität (Gültigkeit) ist durch For-

schungsergebnisse nachgewiesen. Es wurde der Test zur Erfassung der reaktiven Stresstoleranz und reaktiven Belastbarkeit, RST 3, eingesetzt.

Diagnostizierte Bereiche: Reaktionskapazität, auch »reaktive Belastbarkeit« beziehungsweise »Stresstoleranz« genannt

Aufgabenbeschreibung: Der Test besteht aus drei Teilen, wobei in jedem Teil die gleiche Sequenz von optischen und akustischen Signalen (fünf Farbsignale, zwei weiße Lichtsignale, zwei Töne) mit vorgegebener Frequenz dargeboten wird. Auf alle Signale ist durch möglichst schnelle Bestätigung der jeweils zugehörigen Taste zu reagieren. Die Signalabfolge der drei Testteile ist unterschiedlich. Der langsame erste Teil ist als »Einübungsphase«, der schnellere zweite Teil als »Belastungsphase« und der wiederum etwas leichtere dritte Teil als »Erholungsphase« gekennzeichnet. Die Ergebnisse werden in Prozenträngen (PR) von 0 bis 100 angegeben. PR = 0 kennzeichnet jeweils das schlechteste, PR = 100 das bestmögliche und PR = 50 ein genau durchschnittliches Untersuchungsergebnis. Unten werden die PR-Werte als Gesamtnormwerte ausgedrückt. Damit wird die konkrete Leistung in das Leistungsspektrum aller Kraftfahrer eingeordnet. Der Frage nach entstandenen fahreignungsrelevanten Beeinträchtigungen muss näher nachgegangen werden, wenn Prozentrangwerte unter 16 liegen. Bei C- sowie insbesondere (siehe Anlage 5.2 der FeV) bei D-Fahrerlaubnissen und bei solchen zur Fahrgastbeförderung steht die Frage nach Kompensationsmöglichkeiten bereits, wenn in der Mehrheit der PR 33 nicht erreicht und/oder PR 16 auch nur einmal unterschritten wurde (vgl. Abschnitt 2.5 der oben genannten Begutachtungsleitlinien).

Testresultate:

1. Phase:	*Prozentrang*
Richtige Reaktion:	*99*
Verzögerte Reaktion:	*100*
Auslassungen:	*100*
Fehlreaktionen:	*25*
2. Phase:	
Richtige Reaktion:	*75*
Verzögerte Reaktion:	*72*
Auslassungen:	*81*
Fehlreaktionen:	*38*
3. Phase:	
Richtige Reaktion:	*70*
Verzögerte Reaktion:	*66*
Auslassungen:	*99*
Fehlreaktionen:	*69*

Zusammenfassende Befundwürdigung

Im Ergebnis der körperlichen Untersuchung lagen keine fragestellungsbezogenen Auffälligkeiten vor. Das polytoxikologische Drogenscreening war im medizinischen Sinne negativ, das heißt, Drogenkonsum in der letzten Zeit war nicht nachweisbar. Auch ergaben sich bei Herrn R. keine psychopathologischen Auffälligkeiten. Folglich ist im vorliegenden Fall dem Ergebnis der psychologischen Untersuchung ausschlaggebende Bedeutung beizumessen.

Die Abklärung möglicher Leistungsmängel mit dem Test zur Prüfung der Reaktionskapazität und Belastbarkeit erbrachte ein normgerechtes Leistungsbild. Besondere Auswirkungen belastender Anforderungen (Überforderungssituationen) waren nicht zu erkennen. Insbesondere ergaben sich keine Anzeichen von Erschöpfungs- beziehungsweise Konzentrationsverlust. Leistungsminderungen infolge Drogenkonsums waren demzufolge nicht nachweisbar.

Der Schwerpunkt der Eignungsfrage liegt im Weiteren deshalb im Persönlichkeitsbereich bei den Fragen, ob eine angemessene Auswertung des Deliktgeschehens stattgefunden hat und ob für die Zukunft ein Verzicht auf Drogen sicher erwartet werden kann.

Die Rückfallwahrscheinlichkeit kann im individuellen Fall nur dann als hinreichend reduziert gelten, wenn Herr R. sich kritisch mit der eigenen rückfallgezeichneten Vorgeschichte in Bezug auf Rausch erzeugende illegale Substanzen auseinander gesetzt hat, wenn er die diesbezügliche Entwicklung mit den auslösenden Bedingungen und negativen Folgeerscheinungen ohne Widersprüche zu den objektiven Vorgeschichtsdaten realistisch darstellt und die daraus gezogenen Schlussfolgerungen nachvollziehbar aufzeigt und wenn er die Etablierung einer drogenabstinenten Lebensführung psychisch und sozial stabilisiert hat.

In der psychologischen Exploration verhielt sich Herr R. kooperativ. Er nahm bereitwillig zum Deliktgeschehen Stellung. Für eine offene Herangehensweise spricht die Tatsache, dass der Untersuchte unentdeckt gebliebene Drogenfahrten einräumte. Andererseits jedoch zeigt der Wiederholungssachverhalt, dass es ihm nicht gelang, aus dem ersten Delikt einen hinreichenden Lerngewinn zu ziehen und zumindest eine konsequente Trennung von Drogenkonsum und Fahren zu realisieren. Die Darstellungen des Untersuchten im psychologischen Untersuchungsgespräch verweisen in Verbindung mit der aktenkundigen Vorgeschichte auf eine erhebliche Drogenproblematik. Allein die Tatsache, dass Herr R. mit mehren Drogendelikten aufgefallen ist, verweist auf einen generellen Kontrollverlust bei Drogenkonsum.

Hinsichtlich der Darstellung seiner Drogenkonsumgewohnheiten war festzustellen, dass der Untersuchte zum Teil nur sehr ungenaue Angaben zur Konsumperiode machen konnte. Dies spricht eher dafür, dass vom Untersuchten ein hinreichender Aufarbeitungsprozess der drogenbezogenen Vorgeschichte noch nicht abgeschlossen worden ist. Insofern liegen bei Herrn R. erhebliche Mängel in der kritischen Auseinandersetzung mit den Ursachen bisherigen Drogenkonsums vor. Zwar stellte der Untersuchte in Aussicht, künftig keine Drogen mehr konsumieren zu wollen, auch waren bisherige Urinscreenings unauffällig, und der Untersuchte berichtete über Veränderungen. Angesichts der genannten Mängel können die Ursachen bisherigen Drogenkonsums jedoch nicht als aufgearbeitet und damit unwirksam gelten. Es besteht somit die erhöhte Gefahr, dass bislang nicht aufgearbeitete Ursachen des Drogenkonsums künftig erneut wirksam werden und zu einem Rückfall in den Drogenkonsum führen. Eine auf die Dauer gefestigte Verhaltensänderung ist Herrn R. vor diesem Hintergrund nicht zu bestätigen. Unter diesem Aspekt erscheint eine tiefer gehende Auseinandersetzung erforderlich.

Der Untersuchte betonte weiterhin, dass er seit dem letzten Drogendelikt (13.05.2005) auf Drogen verzichtete. Auch nach eingehender Exploration blieb Herr R. bei der Angabe einer konsequent drogenabstinenten Lebensführung. Beim Fehlen anders lautender objektivierbarer Befunde muss diese Angabe als glaubhaft akzeptiert werden.

Auf die Frage nach konkreten Auswirkungen der angegebenen Veränderung konnte Herr R. konkrete Angaben machen, die mit einschlägigen Erfahrungen übereinstimmen (Leistungssteigerung, fühle sich besser, Beziehung zu Eltern harmonischer). Dies stützt die Glaubwürdigkeit einer tatsächlich vollzogenen Veränderung, denn es ist bekannt, dass Personen, die zuvor längerfristig Drogenmissbrauch betrieben haben, im Allgemeinen ganz erhebliche Auswirkungen erleben.

Offensichtlich ist somit eine Verhaltensänderung im Umgang mit Drogen eingeleitet worden. Andererseits ist zu konstatieren, dass der Zeitraum des Drogenverzichts noch als zu kurz anzu-

sehen ist, um eine hinreichend sichere positive Prognose geben zu können.

Zusammenfassend ist festzuhalten: Trotz einer festgestellten eingeleiteten positiven Entwicklung erscheint angesichts der rückfallgezeichneten Deliktvorgeschichte und der noch festgestellten Aufarbeitungsdefizite eine weiterführende Maßnahme erforderlich, um den eingeschlagenen Weg zu stabilisieren.

Abschließende Stellungnahme

Im Ergebnis der körperlichen Untersuchung lagen keine fragestellungsbezogenen Auffälligkeiten vor. Das polytoxikologische Drogenscreening war im medizinischen Sinne negativ, das heißt, Drogenkonsum in der letzten Zeit war nicht nachweisbar. Auch ergaben sich bei Herrn R. keine psychopathologischen Auffälligkeiten. Folglich ist im vorliegenden Fall dem Ergebnis der psychologischen Untersuchung ausschlaggebende Bedeutung beizumessen.

Insgesamt konnte Herr R. glaubhaft machen, dass er aus der aktenkundigen rückfallgezeichneten Deliktsituation Konsequenzen im Umgang mit Drogen gezogen hat. Die Stabilität der Umkehr in Einstellungen und Verhalten kann jedoch, insbesondere vor dem Hintergrund der festgestellten Aufarbeitungsdefizite, noch nicht als ausreichend belegt gelten.

Derzeit sind bei Herrn R. die Bedingungen wieder hergestellter Fahreignung noch nicht vollständig erfüllt. Es ist noch nicht hinreichend sicher auszuschließen, dass der Untersuchte auch in Zukunft Kraftfahrzeuge unter Einfluss von Betäubungsmitteln oder deren Nachwirkungen führen wird. Es ist allerdings davon auszugehen, dass der Untersuchte trotz der Hinweise auf Missbrauch von Betäubungsmitteln Kraftfahrzeuge der beantragten Klassen sicher führen kann.

Von wieder hergestellter Fahreignung kann im vorliegenden Fall ausgegangen werden, wenn eine Nachschulungsmaßnahme für drogenauffällige Kraftfahrer (Kurs zur Wiederherstellung der Kraftfahreignung nach § 70 FeV) absolviert worden ist. Sofern die Verkehrsbehörde zustimmt, soll Herr R. an einer solchen Nachschulung teilnehmen. Nach erfolgreichem Abschluss bestehen gutachterlicherseits keine Bedenken mehr, ihm die Fahrerlaubnis zu erteilen. Bei Nichtteilnahme an dem empfohlenen Kurs innerhalb eines Jahres oder im Falle eines Kursausschlusses (Verstoß gegen die Vertragsbedingungen) muss davon ausgegangen werden, dass die die Eignung ausschließenden Mängel weiter bestehen.

VIII.

Statistiken

Bevor wir zu den trockenen Statistiken kommen, die nur für die besonders Hartgesottenen und Statistikfans interessant sind, einige interessante Zahlen in Kürze: Im Jahr 2003 kamen knapp 25 000 Menschen bei Verkehrsunfällen, bei denen Alkohol eine Rolle spielte, zu Schaden. Die Zahl erhöht sich noch mal ganz erheblich, wenn die Zahl derer, die bei Verkehrsunfällen ums Leben kamen, bei denen berauschende Mittel (Drogen, Rauschgift) eine Rolle gespielt haben, hinzukommt.

Im Jahr 2004 sieht es auch nicht anders aus. So weist das Statistische Bundesamt erschreckende Zahlen auf:

Bei den im Jahr 2004 in Deutschland insgesamt 2,26 Millionen (plus 0,1 Prozent) polizeilich aufgenommenen Verkehrsunfällen wurde in 55 951 Fällen bei mindestens einem Beteiligten eine Alkoholisierung festgestellt (= Alkoholunfall).

Das entspricht einer Quote von 2,5 Prozent (minus 6,3 Prozent). Dabei kam es in 33 443 Fällen »nur« zu Sachschaden (minus 5,8 Prozent). In 22 548 Fällen entstand jedoch Personenschaden (minus 7,5 Prozent), 8555 Personen wurden jedoch schwer verletzt (minus 8,4 Prozent) und 704 Menschen getötet (acht bis 13,8 Prozent).

Trotz dieses erfreulichen Rückgangs starben 2004 immer noch zwölf Prozent aller Verkehrstoten in Deutschland an den Folgen eines Alkoholunfalls; das war rund jeder achte Unfalltote. Bei 22 849 der 659 646 an Unfällen mit Personenschaden beteiligten Personen war die Verkehrstüchtigkeit durch Alkohol beeinträchtigt.

Diese Zahlen belegen eindringlich die überdurchschnittliche Schwere von Alkoholunfällen im Vergleich zu »gewöhnlichen« Verkehrsunfällen. Während bei allen Unfällen mit Personenschaden 17 Tote und 238 Schwerverletzte auf 1000 Unfälle kamen, waren es bei den Alkoholunfällen mit Personenschaden 31 Getötete und 379 Schwerverletzte je 1000 Unfälle.

Die meisten Alkoholunfälle, nämlich 62 Prozent, ereigneten sich innerhalb geschlossener Ortschaften. 4,4 Prozent passierten auf Autobahnen und 33 Prozent auf sonstigen Straßen außerorts.

Bei der Analyse der Unfallursachen zeigte sich, dass 49 Prozent der Alkoholunfälle so genannte Fahrunfälle waren, die dadurch entstanden, dass der Kraftfahrer die Kontrolle über das Fahrzeug verlor, weil er seine Geschwindigkeit nicht den Straßenverhältnissen angepasst hatte.

Dieser Anteil lag weit über dem Normalanteil der Fahrunfälle, der bei nicht alkoholisierten Kraftfahrern nur 20 Prozent beträgt. So genannte Abbiegeunfälle sowie Einbiege- beziehungsweise Kreuzenunfälle passierten unter Alkoholeinfluss dagegen nur relativ selten, nämlich in insgesamt 13 Prozent gegenüber 36 Prozent aller derartigen Unfälle mit Personenschaden.

Das lässt den Schluss zu, dass alkoholisierte Kraftfahrer an Kreuzungen und Einmündungen, also an den bekannten Gefahrenstellen, besonders vorsichtig fahren, sich dafür aber auf »freier Strecke« ohne große Gefahrenstellen oft überschätzen.

Bei der zeitlichen Verteilung fiel auf, dass sich die meisten Alkoholunfälle an den Wochenenden ereigneten (23 Prozent an Samstagen, 22 Prozent an Sonntagen und 15 Prozent an Freitagen).

Die wenigsten Alkoholunfälle passieren montags und dienstags.

Noch deutlichere Unterschiede zeigten sich in der tageszeitlichen Verteilung. Die wenigsten Unfälle mit Personenschaden ereigneten sich in der Zeit zwischen zwei und vier Uhr morgens.

Danach stieg die Zahl der Unfälle kontinuierlich an und erreichte ihren Höchststand zwischen 16 und 18 Uhr. Dagegen lag der Tiefpunkt der Alkoholunfälle zwischen zehn und zwölf Uhr vormittags.

Danach stieg die Zahl der Alkoholunfälle, vor allem ab 16 Uhr bis Mitternacht, an und fiel dann wieder ab, besonders nach sechs Uhr morgens. Zwischen 22 Uhr abends und sechs Uhr morgens wurden nur etwa zehn Prozent der Unfälle mit Personenschaden gezählt, aber fast die Hälfte (46 Prozent) der Alkoholunfälle. Von den 34 258 Personenschadenunfällen in dieser Zeitspanne war fast bei jedem dritten Unfall Alkohol im Spiel (31 Prozent).

Entsprechend ihrem Anteil am Gesamtfahrzeugaufkommen waren drei von fünf (60 Prozent) der alkoholisierten Unfallbeteiligten Pkw-Fahrer. Mit großem Abstand folgten Radfahrer (20 Prozent), Fußgänger (7,6 Prozent), Mofa- beziehungsweise Mopedfahrer (3,7 Prozent) und Lkw- beziehungsweise Sattelschlepperfahrer (2,3 Prozent).

Die meisten alkoholisierten Unfallbeteiligten waren relativ jung: 26 Prozent waren zwischen 18 und 25 Jahre, weitere 22 Prozent gehörten zur Gruppe der 25- bis 34-Jährigen. 23 Prozent waren zwischen 35 und 45 Jahre alt, und 25 Prozent waren älter als 45 Jahre.

Frauen fielen erheblich weniger häufig durch Trunkenheit im Verkehr auf als Männer. Nur zehn Prozent der alkoholisierten Unfallbeteiligten waren Frauen, obwohl sonst im Durchschnitt aller Unfälle mit Personenschaden 31 Prozent der Unfallbeteiligten Frauen waren.

Im Jahre 2003 hatten 70 Prozent der Kraftfahrer, die unter Alkoholeinfluss in einen Verkehrsunfall mit Personenschaden verwickelt wurden, zum Zeitpunkt der Blutentnahme einen

BAK-Wert von mindestens 1,1 Promille und waren damit nach den Kriterien der Rechtsprechung absolut fahruntüchtig.

Nahezu jeder vierte alkoholisierte Kraftfahrer (22 Prozent) hatte sogar eine Blutalkoholkonzentration von über zwei Promille!

Im Jahr 2002 wurden nach Angaben des vom Kraftfahrtbundesamt geführten Verkehrszentralregisters von den Gerichten im Zusammenhang mit Trunkenheit im Verkehr 102 694 Fahrerlaubnisse entzogen.

Das waren 89 Prozent aller Führerscheinentziehungen. Unter diesen Führerscheininhabern war die Altersgruppe der 30- bis 39-Jährigen am stärksten vertreten: Nahezu jede vierte Entziehung in Verbindung mit Trunkenheit im Straßenverkehr (27 Prozent) betraf Verkehrsteilnehmer dieser Altersgruppe.

25 Prozent waren zwischen 21 und 30 Jahre und 23 Prozent zwischen 40 und 50 Jahre alt. Nur 17 Prozent der Entziehungen fielen auf Personen, die älter als 50 Jahre waren.

Zusammenfassend lässt sich somit feststellen, dass der Alkoholunfall mit Personenschaden

- überdurchschnittlich schwer,
- im Wesentlichen ein Nachtunfall,
- vorwiegend ein Wochenendunfall,
- hauptsächlich von Männern verursacht und
- überproportional häufig ein Unfall junger Verkehrsteilnehmer

ist.

(Quelle: Statistisches Bundesamt, Gruppe VC)

Darüber hinaus ist noch zu wissen, dass die Straßenverkehrsunfälle unter Einfluss anderer berauschender Mittel angegeben werden.

(Quelle: Statistisches Bundesamt, Gruppe VC)

Straßenverkehrsunfälle unter Einfluss anderer berauschender Mittel (zum Beispiel Drogen, Rauschgift) und dabei Verunglückte (1975–2002*)

Jahr	Unfälle mit Personenschaden	Verunglückte	Getötete	Schwerverletzte	Leichtverletzte	Schwerwiegende Unfälle mit Sachschaden[1]
1975	337 732	472 667	14 870	138 038	319 759	234 344
1976	359 694	495 401	14 820	145 728	334 853	292 301
1977	379 046	523 120	14 978	153 735	354 407	345 517
1978	380 352	523 306	14 662	153 310	355 334	398 032
1979	367 500	499 663	13 222	146 526	339 915	430 568
1980	379 235	513 504	13 041	148 952	351 511	462 110
1981	362 617	487 618	11 674	139 402	336 542	482 261
1982	358 693	478 796	11 608	138 760	328 428	479 696
1983	374 107	500 942	11 732	145 090	344 120	232 463
1984	359 485	476 232	10 199	132 514	333 519	238 208
1985	327 745	430 495	8 400	115 533	306 562	242 157
1986	341 921	452 165	8 948	117 862	325 355	258 247
1987	325 519	432 589	7 967	108 629	315 993	261 337
1988	342 299	456 436	8 213	110 961	337 262	271 878
1989	343 604	457 392	7 995	107 848	341 549	271 579
1990	340 043	456 064	7 906	103 403	344 755	260 543
1991	385 147	516 835	11 300	131 093	374 442	221 338
1992	395 462	527 428	10 631	130 351	386 446	248 621
1993	385 384	515 540	9 949	125 854	379 737	265 203
1994	392 754	526 229	9 814	126 723	389 692	258 732
1995	388 003	521 595	9 454	122 973	389 168	130 732
1996	373 082	501 916	8 758	116 456	376 702	119 180
1997	380 835	509 643	8 549	115 414	385 680	109 389
1998	377 257	505 111	7 792	108 890	388 429	108 872
1999	395 689	528 899	7 772	109 550	411 577	110 725
2000	382 949	511 577	7 503	102 416	401 658	107 582

* Bis einschließlich 1990 früheres Bundesgebiet, ab 1991 Deutschland.

[1] 1975 bis 1982 Sachschaden von 1000 DM und mehr bei einem der Beteiligten. 1983 bis 1990 Sachschaden von 3000 DM und mehr bei einem der Geschädigten. 1991 bis 1994 Unfälle mit nur Sachschaden von 4000 DM und mehr bei einem der Geschädigten. Ab 1995 Straftatbestand oder Ordnungswidrigkeit (Bußgeld), und mindestens ein Kfz musste abgeschleppt werden.

Darunter: Unfälle unter Einfluss anderer berauschender Mittel[2]

Jahr	Unfälle mit Personen-schaden	Ver-unglückte	Getötete	Schwer-verletzte	Leicht-verletzte	Schwer-wiegende Unfälle mit Sach-schaden[1]
1975	323	418	14	141	263	298
1976	300	387	21	136	230	348
1977	322	429	17	150	262	353
1978	330	461	13	166	282	380
1979	310	432	18	147	267	379
1980	360	494	19	181	294	433
1981	301	407	11	145	251	411
1982	356	469	7	165	297	399
1983	285	373	10	138	225	168
1984	274	369	10	153	206	161
1985	249	320	3	102	215	191
1986	244	346	11	125	210	211
1987	294	401	12	129	260	218
1988	294	418	5	131	282	256
1989	333	486	15	162	309	260
1990	341	498	13	157	328	276
1991	434	646	18	224	404	217
1992	580	816	20	253	543	329
1993	545	844	34	260	550	296
1994	581	824	15	282	527	311
1995	607	909	17	314	578	278
1996	611	927	29	340	558	272
1997	612	909	25	326	558	289
1998	730	1 118	61	415	642	338
1999	880	1 352	60	521	771	413 87
2000	1 015	1 603	55	544	1 004	509
2001	1 080	1 653	63	586	1 004	597
2002	1 262	1 931	68	395	1 268	702

[2] Es ist von einer hohen Dunkelziffer auszugehen.

IX.

Kurioses

Wussten Sie, dass man als Fahrradfahrer auch riskiert, den Führerschein zu verlieren, wenn man erheblich alkoholisiert (etwa 1,7 Promille) unterwegs ist?

Hätten Sie gedacht, dass ein betrunkener Schäfer, der zur Nachtzeit seine Schafherde über die unbeleuchtete Bundesstraße treibt, den Führerschein verlieren kann und dass ihm untersagt werden kann, zukünftig eine Schafherde zu führen?

X.

Gesetzestexte

§ 1 StVG

(1) Kraftfahrzeuge und ihre Anhänger, die auf öffentlichen Straßen in Betrieb gesetzt werden sollen, müssen von der zuständigen Behörde (Zulassungsbehörde) zum Verkehr zugelassen sein. Die Zulassung erfolgt auf Antrag des Verfügungsberechtigten des Fahrzeugs bei Vorliegen einer Betriebserlaubnis oder einer EG-Typgenehmigung durch Zuteilung eines amtlichen Kennzeichens. Ist für das Fahrzeug noch keine Betriebserlaubnis erteilt oder besteht keine EG-Typgenehmigung, hat er gleichzeitig die Erteilung der Betriebserlaubnis zu beantragen.

(2) Als Kraftfahrzeuge im Sinne dieses Gesetzes gelten Landfahrzeuge, die durch Maschinenkraft bewegt werden, ohne an Bahngleise gebunden zu sein.

§ 2 Absatz 4 StVG

Die Fahrerlaubnis ist für die jeweilige Klasse zu erteilen, wenn der Bewerber zum Führen von Kraftfahrzeugen nach dem Fahrlehrergesetz und den auf ihm beruhenden Rechtsvorschriften ausgebildet worden ist.

§ 21 StVG

(1) Mit Freiheitsstrafe bis zu einem Jahr oder mit Geldstrafe wird bestraft, wer

1. ein Kraftfahrzeug führt, obwohl er die dazu erforderliche Fahrerlaubnis nicht hat oder ihm das Führen des Fahrzeugs nach § 44 des Strafgesetzbuchs oder nach § 25 dieses Gesetzes verboten ist, oder
2. als Halter eines Kraftfahrzeugs anordnet oder zulässt, dass jemand das Fahrzeug führt, der die dazu erforderliche Fahrerlaubnis nicht hat oder dem das Führen des Fahrzeugs nach § 44 des Strafgesetzbuchs oder nach § 25 dieses Gesetzes verboten ist.

(2) Mit Freiheitsstrafe bis zu sechs Monaten oder mit Geldstrafe bis zu 180 Tagessätzen wird bestraft, wer

1. eine Tat nach Absatz 1 fahrlässig begeht,
2. vorsätzlich oder fahrlässig ein Kraftfahrzeug führt, obwohl der vorgeschriebene Führerschein nach § 94 der Strafprozessordnung in Verwahrung genommen, sichergestellt oder beschlagnahmt ist, oder
3. vorsätzlich oder fahrlässig als Halter eines Kraftfahrzeugs anordnet oder zulässt, dass jemand das Fahrzeug führt, obwohl der vorgeschriebene Führerschein nach § 94 der Strafprozessordnung in Verwahrung genommen, sichergestellt oder beschlagnahmt ist.

(3) In den Fällen des Absatzes 1 kann das Kraftfahrzeug, auf das sich die Tat bezieht, eingezogen werden, wenn der Täter

1. das Fahrzeug geführt hat, obwohl ihm die Fahrerlaubnis entzogen oder das Führen des Fahrzeugs nach § 44 des Strafgesetzbuchs oder nach § 25 dieses Gesetzes verboten war oder obwohl eine Sperre nach § 69 a Absatz 1 Satz 3 des Strafgesetzbuchs gegen ihn angeordnet war,

2. *als Halter des Fahrzeugs angeordnet oder zugelassen hat, dass jemand das Fahrzeug führte, dem die Fahrerlaubnis entzogen oder das Führen des Fahrzeugs nach § 44 des Strafgesetzbuchs oder nach § 25 dieses Gesetzes verboten war oder gegen den eine Sperre nach § 69 a Absatz 1 Satz 3 des Strafgesetzbuchs angeordnet war, oder*
3. *in den letzten drei Jahren vor der Tat schon einmal wegen einer Tat nach Absatz 1 verurteilt worden ist.*

§ 24 a StVG

(1) Ordnungswidrig handelt, wer im Straßenverkehr ein Kraftfahrzeug führt, obwohl er 0,25 mg/l oder mehr Alkohol in der Atemluft oder 0,5 Promille oder mehr Alkohol im Blut oder eine Alkoholmenge im Körper hat, die zu einer solchen Atem- oder Blutalkoholkonzentration führt.

(2) Ordnungswidrig handelt, wer unter der Wirkung eines in der Anlage zu dieser Vorschrift genannten berauschenden Mittels im Straßenverkehr ein Kraftfahrzeug führt. Eine solche Wirkung liegt vor, wenn eine in dieser Anlage genannte Substanz im Blut nachgewiesen wird. Satz 1 gilt nicht, wenn die Substanz aus der bestimmungsgemäßen Einnahme eines für einen konkreten Krankheitsfall verschriebenen Arzneimittels herrührt.

(3) Ordnungswidrig handelt auch, wer die Tat fahrlässig begeht.

(4) Die Ordnungswidrigkeit kann mit einer Geldbuße bis zu eintausendfünfhundert Euro geahndet werden.

(5) Das Bundesministerium für Verkehr wird ermächtigt, durch Rechtsverordnung im Einvernehmen mit dem Bundesministeri-

um für Gesundheit und dem Bundesministerium der Justiz mit Zustimmung des Bundesrates die Liste der berauschenden Mittel und Substanzen in der Anlage zu dieser Vorschrift zu ändern oder zu ergänzen, wenn dies nach wissenschaftlicher Erkenntnis im Hinblick auf die Sicherheit des Straßenverkehrs erforderlich ist.

§ 69 StGB

(1) Wird jemand wegen einer rechtswidrigen Tat, die er bei oder im Zusammenhang mit dem Führen eines Kraftfahrzeugs oder unter Verletzung der Pflichten eines Kraftfahrzeugführers begangen hat, verurteilt oder nur deshalb nicht verurteilt, weil seine Schuldunfähigkeit erwiesen oder nicht auszuschließen ist, so entzieht ihm das Gericht die Fahrerlaubnis, wenn sich aus der Tat ergibt, dass er zum Führen von Kraftfahrzeugen ungeeignet ist. Einer weiteren Prüfung nach § 62 bedarf es nicht.

(2) Ist die rechtswidrige Tat in den Fällen des Absatzes 1 ein Vergehen

1. *der Gefährdung des Straßenverkehrs (§ 315 c),*
2. *der Trunkenheit im Verkehr (§ 316),*
3. *des unerlaubten Entfernens vom Unfallort (§ 142), obwohl der Täter weiß oder wissen kann, dass bei dem Unfall ein Mensch getötet oder nicht unerheblich verletzt worden oder an fremden Sachen bedeutender Schaden entstanden ist, oder*
4. *des Vollrausches (§ 323 a), der sich auf eine der Taten nach den Nummern 1 bis 3 bezieht,*

so ist der Täter in der Regel als ungeeignet zum Führen von Kraftfahrzeugen anzusehen.

(3) Die Fahrerlaubnis erlischt mit der Rechtskraft des Urteils. Ein von einer deutschen Behörde ausgestellter Führerschein wird im Urteil eingezogen.

§ 69 a StGB

(1) Entzieht das Gericht die Fahrerlaubnis, so bestimmt es zugleich, dass für die Dauer von sechs Monaten bis zu fünf Jahren keine neue Fahrerlaubnis erteilt werden darf (Sperre). Die Sperre kann für immer angeordnet werden, wenn zu erwarten ist, dass die gesetzliche Höchstfrist zur Abwehr der von dem Täter drohenden Gefahr nicht ausreicht. Hat der Täter keine Fahrerlaubnis, so wird nur die Sperre angeordnet.

(2) Das Gericht kann von der Sperre bestimmte Arten von Kraftfahrzeugen ausnehmen, wenn besondere Umstände die Annahme rechtfertigen, dass der Zweck der Maßregel dadurch nicht gefährdet wird.

(3) Das Mindestmaß der Sperre beträgt ein Jahr, wenn gegen den Täter in den letzten drei Jahren vor der Tat bereits einmal eine Sperre angeordnet worden ist.

(4) War dem Täter die Fahrerlaubnis wegen der Tat vorläufig entzogen (§ 111 a der Strafprozessordnung), so verkürzt sich das Mindestmaß der Sperre um die Zeit, in der die vorläufige Entziehung wirksam war. Es darf jedoch drei Monate nicht unterschreiten.

(5) Die Sperre beginnt mit der Rechtskraft des Urteils. In die Frist wird die Zeit einer wegen der Tat angeordneten vorläufigen Entziehung eingerechnet, soweit sie nach Verkündung des Urteils verstrichen ist, in dem die der Maßregel zugrunde liegenden tatsächlichen Feststellungen letztmals geprüft werden konnten.

(6) Im Sinne der Absätze 4 und 5 steht der vorläufigen Entziehung der Fahrerlaubnis die Verwahrung, Sicherstellung oder Beschlagnahme des Führerscheins (§ 94 der Strafprozessordnung) gleich.

(7) Ergibt sich Grund zu der Annahme, dass der Täter zum Führen von Kraftfahrzeugen nicht mehr ungeeignet ist, so kann das Gericht die Sperre vorzeitig aufheben. Die Aufhebung ist frühestens zulässig, wenn die Sperre drei Monate, in den Fällen des Absatzes 3 ein Jahr gedauert hat; Absatz 5 Satz 2 und Absatz 6 gelten entsprechend.

§ 140 StGB

Wer eine der in § 138 Absatz 1 Nummern 1 bis 4 und in § 126 Absatz 1 genannten rechtswidrigen Taten oder eine rechtswidrige Tat nach § 176 Absatz 3, nach den §§ 176 a und 176 b, nach den §§ 177 und 178 oder nach § 179 Absatz 3, 5 und 6, nachdem sie begangen oder in strafbarer Weise versucht worden ist,

1. *belohnt oder*
2. *in einer Weise, die geeignet ist, den öffentlichen Frieden zu stören, öffentlich, in einer Versammlung oder durch Verbreiten von Schriften (§ 11 Absatz 3) billigt,*

wird mit Freiheitsstrafe bis zu drei Jahren oder mit Geldstrafe bestraft.

§ 315 StGB

(1) Wer die Sicherheit des Schienenbahn-, Schwebebahn-, Schiffs- oder Luftverkehrs dadurch beeinträchtigt, dass er

1. *Anlagen oder Beförderungsmittel zerstört, beschädigt oder beseitigt,*
2. *Hindernisse bereitet,*
3. *falsche Zeichen oder Signale gibt oder*
4. *einen ähnlichen, ebenso gefährlichen Eingriff vornimmt,*

und dadurch Leib oder Leben eines anderen Menschen oder fremde Sachen von bedeutendem Wert gefährdet, wird mit Freiheitsstrafe von sechs Monaten bis zu zehn Jahren bestraft.

(2) Der Versuch ist strafbar.

(3) Auf Freiheitsstrafe nicht unter einem Jahr ist zu erkennen, wenn der Täter

1. in der Absicht handelt,
   a) einen Unglücksfall herbeizuführen oder
   b) eine andere Straftat zu ermöglichen oder zu verdecken, oder
2. durch die Tat eine schwere Gesundheitsschädigung eines anderen Menschen oder eine Gesundheitsschädigung einer großen Zahl von Menschen verursacht.

(4) In minder schweren Fällen des Absatzes 1 ist auf Freiheitsstrafe von drei Monaten bis zu fünf Jahren, in minder schweren Fällen des Absatzes 3 auf Freiheitsstrafe von sechs Monaten bis zu fünf Jahren zu erkennen.

(5) Wer in den Fällen des Absatzes 1 die Gefahr fahrlässig verursacht, wird mit Freiheitsstrafe bis zu fünf Jahren oder mit Geldstrafe bestraft.

(6) Wer in den Fällen des Absatzes 1 fahrlässig handelt und die Gefahr fahrlässig verursacht, wird mit Freiheitsstrafe bis zu zwei Jahren oder mit Geldstrafe bestraft.

§ 315 b StGB

(1) Wer die Sicherheit des Straßenverkehrs dadurch beeinträchtigt, dass er

1. Anlagen oder Fahrzeuge zerstört, beschädigt oder beseitigt,
2. Hindernisse bereitet oder
3. einen ähnlichen, ebenso gefährlichen Eingriff vornimmt,

und dadurch Leib oder Leben eines anderen Menschen oder fremde Sachen von bedeutendem Wert gefährdet, wird mit Freiheitsstrafe bis zu fünf Jahren oder mit Geldstrafe bestraft.

(2) Der Versuch ist strafbar.

(3) Handelt der Täter unter den Voraussetzungen des § 315 Absatz 3, so ist die Strafe Freiheitsstrafe von einem Jahr bis zu zehn Jahren, in minder schweren Fällen Freiheitsstrafe von sechs Monaten bis zu fünf Jahren.

(4) Wer in den Fällen des Absatzes 1 die Gefahr fahrlässig verursacht, wird mit Freiheitsstrafe bis zu drei Jahren oder mit Geldstrafe bestraft.

(5) Wer in den Fällen des Absatzes 1 fahrlässig handelt und die Gefahr fahrlässig verursacht, wird mit Freiheitsstrafe bis zu zwei Jahren oder mit Geldstrafe bestraft.

§ 315 c StGB

(1) Wer im Straßenverkehr

1. ein Fahrzeug führt, obwohl er
   a) infolge des Genusses alkoholischer Getränke oder anderer berauschender Mittel oder
   b) infolge geistiger oder körperlicher Mängel nicht in der Lage ist, das Fahrzeug sicher zu führen, oder
2. grob verkehrswidrig und rücksichtslos
   a) die Vorfahrt nicht beachtet,
   b) falsch überholt oder sonst bei Überholvorgängen falsch fährt,
   c) an Fußgängerüberwegen falsch fährt,
   d) an unübersichtlichen Stellen, an Straßenkreuzungen, Straßeneinmündungen oder Bahnübergängen zu schnell fährt,

e) an unübersichtlichen Stellen nicht die rechte Seite der Fahrbahn einhält,
f) auf Autobahnen oder Kraftfahrstraßen wendet, rückwärts oder entgegen der Fahrtrichtung fährt oder dies versucht oder
g) haltende oder liegen gebliebene Fahrzeuge nicht auf ausreichende Entfernung kenntlich macht, obwohl das zur Sicherung des Verkehrs erforderlich ist,

und dadurch Leib oder Leben eines anderen Menschen oder fremde Sachen von bedeutendem Wert gefährdet, wird mit Freiheitsstrafe bis zu fünf Jahren oder mit Geldstrafe bestraft.

(2) In den Fällen des Absatzes 1 Nummer 1 ist der Versuch strafbar.

(3) Wer in den Fällen des Absatzes 1

1. die Gefahr fahrlässig verursacht oder
2. fahrlässig handelt und die Gefahr fahrlässig verursacht,

wird mit Freiheitsstrafe bis zu zwei Jahren oder mit Geldstrafe bestraft.

§ 316 StGB

(1) Wer im Verkehr (§§ 315 bis 315 d) ein Fahrzeug führt, obwohl er infolge des Genusses alkoholischer Getränke oder anderer berauschender Mittel nicht in der Lage ist, das Fahrzeug sicher zu führen, wird mit Freiheitsstrafe bis zu einem Jahr oder mit Geldstrafe bestraft, wenn die Tat nicht in § 315 a oder § 315 c mit Strafe bedroht ist.

(2) Nach Absatz 1 wird auch bestraft, wer die Tat fahrlässig begeht.

Grundsätze für die Durchführung der Untersuchungen und die Erstellung der Gutachten

1. Die Untersuchung ist unter Beachtung folgender Grundsätze durchzuführen:

a. Die Untersuchung ist anlassbezogen und unter Verwendung der von der Fahrerlaubnisbehörde zugesandten Unterlagen über den Betroffenen vorzunehmen. Der Gutachter hat sich an die durch die Fahrerlaubnisbehörde vorgegebene Fragestellung zu halten.

b. Gegenstand der Untersuchung sind nicht die gesamte Persönlichkeit des Betroffenen, sondern nur solche Eigenschaften, Fähigkeiten und Verhaltensweisen, die für die Kraftfahreignung von Bedeutung sind (Relevanz zur Kraftfahreignung).

c. Die Untersuchung darf nur nach anerkannten wissenschaftlichen Grundsätzen vorgenommen werden.

d. Vor der Untersuchung hat der Gutachter den Betroffenen über Gegenstand und Zweck der Untersuchung aufzuklären.

e. Über die Untersuchung sind Aufzeichnungen anzufertigen.

f. In den Fällen der §§ 13 und 14 ist Gegenstand der Untersuchung auch das voraussichtliche künftige Verhalten des Betroffenen, insbesondere ob zu erwarten ist, dass er nicht oder nicht mehr ein Kraftfahrzeug unter Einfluss von Alkohol oder Betäubungsmitteln/Arzneimitteln führen wird. Hat Abhängigkeit von Alkohol oder Betäubungsmitteln/Arzneimitteln vorgelegen, muss sich die Untersuchung darauf erstrecken, dass die Abhängigkeit nicht mehr besteht. Bei Alkoholmissbrauch, ohne dass Abhängigkeit vorhanden war oder ist, muss sich die Untersuchung da-

rauf erstrecken, ob der Betroffene den Konsum von Alkohol einerseits und das Führen von Kraftfahrzeugen im Straßenverkehr andererseits zuverlässig voneinander trennen kann. Dem Betroffenen kann die Fahrerlaubnis nur dann erteilt werden, wenn sich bei ihm ein grundlegender Wandel in seiner Einstellung zum Führen von Kraftfahrzeugen unter Einfluss von Alkohol oder Betäubungsmitteln/Arzneimitteln vollzogen hat. Es müssen zum Zeitpunkt der Erteilung der Fahrerlaubnis Bedingungen vorhanden sein, die zukünftig einen Rückfall als unwahrscheinlich erscheinen lassen. Das Gutachten kann empfehlen, dass durch geeignete und angemessene Auflagen später überprüft wird, ob sich die günstige Prognose bestätigt. Das Gutachten kann auch geeignete Kurse zur Wiederherstellung der Kraftfahreignung empfehlen.

g. *In den Fällen des § 2 a Absatz 4 Satz 1 und Absatz 5 Satz 5 oder des § 4 Absatz 10 Satz 3 des Straßenverkehrsgesetzes oder des § 11 Absatz 3 Nummer 4 oder 5 dieser Verordnung ist Gegenstand der Untersuchung auch das voraussichtliche künftige Verhalten des Betroffenen, ob zu erwarten ist, dass er nicht mehr erheblich oder nicht mehr wiederholt gegen verkehrsrechtliche Bestimmungen oder gegen Strafgesetze verstoßen wird. Es sind die Bestimmungen von Buchstabe f Satz 4 bis 7 entsprechend anzuwenden.*

2. *Das Gutachten ist unter Beachtung folgender Grundsätze zu erstellen:*

a. *Das Gutachten muss in allgemein verständlicher Sprache abgefasst sowie nachvollziehbar und nachprüfbar sein. Die Nachvollziehbarkeit betrifft die logische Ordnung (Schlüssigkeit) des Gutachtens. Sie erfordert die Wiedergabe aller wesentlichen Befunde und die Darstellung der zur Beurteilung führenden Schlussfolgerungen. Die Nach-*

prüfbarkeit betrifft die Wissenschaftlichkeit der Begutachtung. Sie erfordert, dass die Untersuchungsverfahren, die zu den Befunden geführt haben, angegeben und, soweit die Schlussfolgerungen auf Forschungsergebnisse gestützt sind, die Quellen genannt werden. Das Gutachten braucht aber nicht im Einzelnen die wissenschaftlichen Grundlagen für die Erhebung und Interpretation der Befunde wiederzugeben.

b. *Das Gutachten muss in allen wesentlichen Punkten insbesondere im Hinblick auf die gestellten Fragen (§ 11 Absatz 6) vollständig sein. Der Umfang eines Gutachtens richtet sich nach der Befundlage. Bei eindeutiger Befundlage wird das Gutachten knapper, bei komplizierter Befundlage ausführlicher erstattet.*

c. *Im Gutachten muss dargestellt und unterschieden werden zwischen der Vorgeschichte und dem gegenwärtigen Befund.*

3. *Die medizinisch-psychologische Untersuchung kann unter Hinzuziehung eines beeidigten oder öffentlich bestellten und vereidigten Dolmetschers oder Übersetzers, der von der Begutachtungsstelle für Fahreignung bestellt wird, durchgeführt werden. Die Kosten trägt der Betroffene.*

4. *Wer eine Person in einem Kurs zur Wiederherstellung der Kraftfahreignung oder in einem Aufbauseminar betreut, betreut hat oder voraussichtlich betreuen wird, darf diese Person nicht untersuchen oder begutachten.*

XI.

Wie berechne ich die Alkoholkonzentration?

Sie sollten auf alle Fälle wissen, dass Alkohol, den Sie zu sich genommen haben, zu 90 Prozent durch die Leber abgebaut wird.

Was passiert mit dem Rest? Sie schwitzen oder hauchen ihn aus. Zirka vier Prozent werden von den Nieren eliminiert.

Im Weiteren sollten Sie einfach auch wissen, dass Ihr Körper (durchschnittlich) zirka acht Gramm Alkohol abbaut. Damit Sie eine Vergleichsgröße haben: Ein Glas Wein oder Sekt hat (0,1 Liter) annäherungsweise ebenso wie 0,25 Liter Bier oder ein Glas Schnaps zirka acht bis zehn Gramm Alkohol. Das sollten Sie also für jeden Fall wissen. Sie sollten auch weiter wissen, dass der Körper – wenn es um Promillewerte geht – pro Stunde in der Regel etwa 0,1 Promille abzubauen in der Lage ist.

Konkret bedeutet das für Sie in der Trinkphase, dass Sie ungefähr eineinhalb Stunden brauchen, um ein Glas Wein, Sekt oder Bier abzubauen. Konkret können Sie das für sich und Ihr eigenes Körpergewicht mit der so genannten Widmark-Formel berechnen.

$$\text{Alkoholgehalt in Promille} = \frac{\text{Alkoholmenge in Gramm}}{\text{Körpergewicht in kg} \times 0{,}7}$$

Allzu schematisch dürfen Sie diese Formel natürlich wiederum auch nicht anwenden, denn zu wissen gilt weiter, dass relativ zeitnah nach Trinkbeginn bereits schon die Abbauphase beginnt.

Ein weiterer, ganz erheblicher Unsicherheitsfaktor ist das so genannte Resorptionsdefizit.

Resorptionsdefizit beschreibt den Umstand, dass entgegen landläufiger Erwartung nicht der gesamte Alkohol ins Blut gelangt.

Das für Sie in Ansatz zu bringende Resorptionsdefizit mag zwischen fünf und 45 Prozent liegen. Was Sie weiter über Alkohol wissen sollten, ist das, was in diesem Buch auch beschrieben worden ist, nämlich, welche Veränderungen der Alkohol bewirken kann.

Wichtig ist, dass Sie dem Prüfer deutlich zeigen, dass Sie sich mit der Problematik und dem chemischen Produkt Alkohol auseinander gesetzt haben, dass Sie wissen, dass und wie Alkohol auf den Körper wirkt, und dass Sie auch mit diesem Wissen umgehen können, indem Sie beispielsweise anhand Ihres eigenen Körpergewichts und einer beliebigen Menge Alkohol Ihre alkoholische Beeinträchtigung selbst mit der Widmark-Formel berechnen können.

Bitte rechnen Sie auch damit, dass der Prüfer von Ihnen wissen will, wie man ein Trinkdiagramm versteht, oder dass er Sie gegebenenfalls bitten wird, ein Trinkdiagramm selbst aufzuzeigen. Ich habe mir daher erlaubt, Ihnen ein Muster vorzustellen.

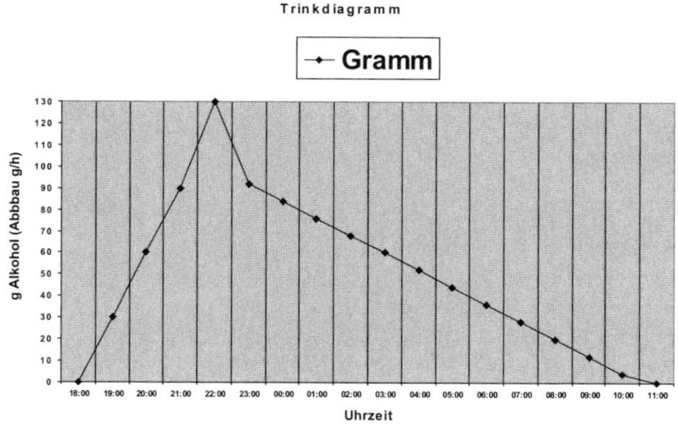

XII.
Glossar

Alkoholabhängigkeit: Vgl. Kommentar Begutachtungsleitlinien zur Kraftfahrereignung, S. 157.

Alkoholmissbrauch: Vgl. Kommentar Begutachtungsleitlinien zur Kraftfahrereignung, S. 157.

Atemalkohol: Der im Atem befindliche Alkohol kann durch hochsensible Messgeräte gemessen werden. Die Messung erfolgt beim Ausatmen in das Kontrollgerät. Gemessen wird in Promille oder Gramm pro Liter.

Atemalkoholkonzentration: In den Alveolen der Lunge kommt es zu einem Übergang des Alkohols im (arteriellen) Blut in die eingeatmete Frischluft, wodurch beim Ausatmen Alkohol abgegeben wird. Die Atemalkoholkonzentration (AAK) entspricht dabei ca. $^{1}/_{2100}$ der (venösen) Blutalkoholkonzentration, jedoch ist dieses Verhältnis nicht konstant und ändert sich in zeitlicher Abhängigkeit vom Trinkende (s. Grafik), wobei auch individuelle Faktoren – insbesondere die Körpertemperatur – eine Rolle spielen.

BAK: Abkürzung für Blutalkoholkonzentration.

BtMG: Gesetz über den Verkehr mit Betäubungsmitteln.

BZR: Abkürzung für Bundeszentralregister.

BZRG: Abkürzung für Bundeszentralregistergesetz.

CDT: Abkürzung für Carbohydrate Deficient Transferrin, ein Laborparameter zum Nachweis des Alkoholmissbrauchs.

EuGH: Abkürzung für Europäischer Gerichtshof.

Explorationsgespräch: Ist eine mit psychologischer Sachkunde vorgenommene nicht-standardisierte mündliche Befragung eines einzelnen Menschen durch einen einzelnen Gesprächsführer mit dem Ziel, Aufschluß zu erhalten über »das Individuum und seine Welt«). Ex-plorare (lat.) = ausforschen.

Fahrlässigkeit: Fahrlässig handelt, wer die im Verkehr erforderliche Sorgfalt außer Acht läßt (276 Absatz 1 Satz 2 BGB). Grob fahrlässig handelt, wer die verkehrsübliche Sorgfalt in besonders grobem Maße verletzt.

Gamma-GT: Abkürzung für Gamma-Glutamat-Transpeptidase. Die Erhebung dieses Laborwertes ist für die Kontrolle einer behaupteten Abstinenz von entscheidender Bedeutung. Die Begutachtungsleitlinien zur Kraftfahrereignung benennen unter anderem den Gamma-GT-Wert. Allein eine Abweichung des Gamma-GT-Wertes rechtfertigt noch keine negative Beurteilung. Normabweichungen von charakteristischen Laborwerten sind denkbar.

GOT: Abkürzung für Glutamat-Oxalacetat-Transaminase. Die Erhebung dieses Laborwertes ist für die Kontrolle einer behaupteten Abstinenz von entscheidender Bedeutung. Die Begutachtungsleitlinien zur Kraftfahrereignung benennen unter anderem den Gamma-GT-Wert. Allein eine Abweichung des Gamma-GT-Wertes rechtfertigt noch keine negative Beurteilung. Normabweichungen von charakteristischen Laborwerten sind denkbar.

GPT: Abkürzung für Glutamat-Pyruvat-Transaminase.

MCV: Abkürzung für mittleres corpuskuläres Volumen.

MPU: Abkürzung für medizinisch-psychologische Untersuchung.

OWiG: Abkürzung für Ordnungswidrigkeitengesetz.

Querulant: Der Querulant ist ein Mensch, der sich leicht ins Unrecht gesetzt fühlt und dann starrsinnig auf seinem vermeintlichen oder tatsächlichen Recht besteht, wobei sein Verhalten in keinem vernunftgemäßen Verhältnis zur Situation steht.

StGB: Abkürzung für Strafgesetzbuch.

StPO: Abkürzung für Strafprozessordnung.

StVG: Abkürzung für Straßenverkehrsgesetz.

Toleranzbildung: Bezeichnet eine für das Erreichen einer bestimmten gleich bleibenden Wirkung über die zeitnotwendige Steigerung der Alkoholdosis. Es wird unterschieden zwischen der nicht respiratorischen (metabolischen) und der so genannten funktionellen Toleranz. Letztere wird insbesondere für diagnostische Zwecke herangezogen. Für die Beurteilung einer Toleranzentwicklung sind zwar Trinkmengen und BAK-Werte von entscheidender Bedeutung; keinesfalls kann hierauf alleine eine Abhängigkeitsdiagnose gestützt werden.

Triglyceride: Ein Triglycerid (veraltet auch Triglyzerid) ist eine organische chemische Verbindung aus einem Molekül Glycerol (alter Name: Glycerin, Glyzerin) und drei organischen Säuremolekülen. Chemisch sind die Säuren mit dem dreiwertigen Alkohol Glycerin verestert. Handelt es sich dabei um Carbonsäuren, was den Regelfall darstellt, sollten die Verbindungen nach der IUPAC-Empfehlung besser als *Triacylglycerine* bezeichnet werden. Meist sind es drei Fettsäuren; diese Triglyceride gehören dann zur Klasse der Lipide. Die Fettsäuren können auch teilweise durch andere Säuren ersetzt sein. Natürliche Fette bestehen zum überwiegenden Teil aus Triacylglycerinen (Triglyceriden) mit drei langkettigen (vier bis 26, typischerweise zwölf bis 22 Kohlenstoffatome) Fettsäuren. Sind sie bei Raumtemperatur flüssig, werden sie auch als Öle oder, um sie von den Mineralölen zu unterscheiden, *fette Öle* bezeichnet. Reine Triacylglycerine von Fettsäuren werden auch als *Neutralfette* bezeichnet. Es gibt pflanzliche, tierische und synthetische Triglyceride.

Vermeidungsstrategien: Die Vermeidungsstrategie ist die erlernte und erprobte Strategie zur Verhinderung eines Rückfalls in alte Gewohnheiten mit dem Ziel der Standhaftigkeit.

Vorsatz: Vorsätzlich handelt derjenige, der in Bewusstsein der objektiven Tatumstände die Tat begeht (beispielsweise Trunkenheitsfahrt).

Referenzliste

Die nachstehend aufgeführten Verkehrspsychologen haben durch teils langjährige Erfahrung mit großem Erfolg MPU-Bewerber beraten und gecoacht. Meine Empfehlung gilt daher der Kontaktaufnahme zu einem Psychologen in Ihrer Nähe.

Dr. Olaf-Jürgen Gebauer
Praxis für Verkehrs-Psychologie
Tondernstraße 32, 26127 Oldenburg
Tel.: 04 41-6 75 04, Fax: 04 41-6 75 10

Dr. Olaf-Jürgen Gebauer
Praxis für Verkehrs-Psychologie
Von-Frerichs-Straße, 26603 Aurich
Tel.: 04 41-6 75 04, Fax: 04 41-6 75 10

Dipl.-Psych. Barbara Reiner
Verkehrspsychologische Praxis
Neumayerring 25, 67227 Franthal
Tel.: 0 62 33-3 12 48

Dipl.-Psych. Barbara Reiner
Verkehrspsychologische Praxis
Birkenweg 2, 67157 Wachenheim
Tel.: 0 63 22-98 10 51, Fax: 0 63 22-98 05 91, Mobil: 01 72-9 94 63 94
E-Mail: Barbara.Reiner@t-online.de

Hans G. Gollkofer
Praxengemeinschaft Verhaltens- und Klinische Verkehrs-
psychologie/-therapie
Industriestraße 6, 67063 Ludwigshafen
Tel.: 06 21-2 79 95 58, Fax: 0 12 12-6 01-23 43 21
E-Mail: mpu-gollkofer@t-online.de

Dipl.-Psych. Martin Berger
Dipl.-Psych. Rigobert Moosmayer
BASIS 98 in Bamberg
Obstmarkt 8, 96047 Bamberg
Tel.: 09 51-2 08 08 01, Fax: 09 51-2 08 08 03
E-Mail: info@basis98.de

Dipl.-Psych. Martin Berger
Dipl.-Psych. Rigobert Moosmayer
BASIS 98 in Nürnberg
Dr.-Kurt-Schumacher-Straße 19, 90402 Nürnberg
Tel.: 09 11-24 25 43 50, Fax: 09 11-24 25 43 51
E-Mail: nuernberg@basis98.de

Dipl.-Psych. Robert Weber
Dipl.-Psych. Alicja Szymik
Praxis für Verkehrspsychologie und Psychotherapie
Französische Allee 20, 72072 Tübingen

Dipl.-Psych. Dr. Bärbel Garsoffky
Telefonzentrale: Tel. 0 70 71-36 85 05, Fax: 0 70 71-36 85 06
E-Mail: weber@verkehrspsychologische-berater.de

Dipl.-Psych. Xaver Bacherle
Psychologische Praxis
Pfauengasse 23, 89073 Ulm
Tel.: 07 31-9 60 85 03, Fax: 07 31-9 60 85 05, Mobil: 07 11-9 66 96 61
E-Mail: Xbacherle@aol.com

Dipl.-Psych. Rosemarie Butzmann
Dipl.-Psych. Yvonne von Mutzenbecher
WERKSTATT Verkehrstherapie Gemeinschaftspraxis
Max-Brauer-Allee 45, 22765 Hamburg
Tel.: 0 40-3 90 58 63, Fax: 0 40-3 90 58 76
E-Mail: Verkehrspsychologie@t-online.de

Dipl.-Psych. Lutz Niehardt
Psychologische Praxis
Auf dem Pass 38, 27711 Osterholz-Scharmbeck
Tel.: 0 47 91-95 97 60

Dipl.-Psych. Lutz Niehardt
Psychologische Praxis
Flattstraße 2, 27367 Hassendorf/Sottrum
Tel.: 0 42 64-83 53 59, Fax: 0 42 64-83 53 76

Dipl.-Psych. Marcus Rautenberg
psybera – Praxis für psychologische Beratung
Württembergerstraße 83, 76646 Bruchsal
Tel.: 0 72 51-93 49 80, Fax: 0 72 51-93 49 82
E-Mail: praxis@psybera.org

Dipl.-Psych. Thomas Rock
proMPU Psychologische Dienstleistungen
Bahnhofstraße 84, 44623 Herne
Tel.: 0 23 23-91 51 70-0, Fax: 0 23 23-91 51 70-17

Dipl.-Psych. Dietmar Lucas
Praxis für Verkehrstherapie IVT-Hö
Psychotraumatherapie/Psychotherapie
Bahnhofstraße 1–5, 48143 Münster
Tel.: 02 51-2 37 79 55, Fax: 02 51-2 37 79 44
E-Mail: lucas@ivt-muenster.de

Dipl.-Psych. Dipl.-Päd. Dr. Reinhardt Mayer
Verkehrspsychologische Praxis
Hermann-Rommel-Straße 22, 72336 Balingen
Tel.: 0 74 33-1 64 51, Fax: 0 74 33-27 33 67

Dipl.-Psych. Wolfgang Thielke
Praxis am Aegl
Heinrich-Kümmel-Straße 3, 30169 Hannover
Tel. 05 11-3 48 20 25, Fax: 05 11-1 69 37 65
E-Mail: W. Thielke@t-online.de

Dipl.-Psych. Dr. Dietmar Czycholl
Praxis für Verkehrspsychologie
Lauterbadstraße 31, 72250 Freudenstadt
Tel.: 0 74 41-86 33 66, Fax: 0 74 41-90 54 43
Mobil: 01 71-2 71 61 21

Dipl.-Psych. Dr. Dietmar Czycholl
Praxis für Verkehrspsychologie
Metzgerstraße 67, 72770 Reutlingen
Tel.: 0 71 21-33 07 10
E-Mail: dczycholl@t-online.de

Dipl.-Psych. Sabine Tischer
Verkehrspsychologische Praxis
Schnaitheimer Straße 25, 89520 Heidenheim
Tel. 0 73 21-4 01 77, Fax: 0 73 21-94 34 59
E-Mail: info@verkehrspsychologie-tischer.de

Dr. Angelika Reck
Approbierte psychologische Psychotherapeutin
Fischergasse 6, 89073 Ulm
Tel. 07 31-6 33 80 oder 07 31-4 22 41, Fax: 07 31-4 22 46 oder
07 31-6 02 61 11, Mobil: 01 72-7 33 36 60
E-Mail: reck-ulm@t-online.de

Dr. rer. nat. Dipl.-Psych. Siegmund Weigl
Verkehrspsychologische und Verhaltenstherapeutische Praxis
Lippeaue 30, 33104 Paderborn-Schloss Neuhaus
Tel.: 0 52 54-94 09 57

Dipl.-Psych. Helmuth Thielebeule
Fachpsychologie für Verkehrspsychologie
Lübecker Straße 29, 10559 Berlin
Tel. 0 30-39 87 55 55, Fax: 0 30-39 87 77 77

Dipl.-Psych. Jürgen Schmitz
Psychologische Praxis
Colombistraße 11–13, 79098 Freiburg
Tel. 07 61-2 92 46 21, Fax: 07 61-2 92 46 22
E-Mail: PRONON-Schmitz@t-online.de

Dipl.-Psych. Dr. Peter Klepzig
Verkehrspsychologische Praxis Berlin-Neuköln
Thomasstraße 27, 12053 Berlin
Tel. 0 30-50 15 99, Fax: 0 30-68 89 32 27
E-Mail: praxis.klepzig.wirzba@t-online.de

Dipl.-Psych. Dr. Peter Klepzig
Verkehrspsychologische Praxis, Ärztehaus Ströbitz
Schweriner Straße 1 b, 03046 Cottbus
Tel.: 03 55-4 94 63 33, Fax: 03 55-4 94 71 59
E-Mail: klepzig@t-online.de

Dipl.-Psych. Günther Hammer
Psychologische Praxis
Wilhelmstraße 16/2, 74072 Heilbronn
Tel.: 0 71 31-96 22 44, Fax: 0 71 31-96 22 30

Literaturverzeichnis

Busch, Burkhard G.: Der Idiotentest – die medizinisch-psychologische Untersuchung (MPU) nach § 3 StVZO, München 1997

Häcker, Hartmut / Stapf, Kurt-Hermann: Dorsch – Psychologisches Wörterbuch, Hans Huber Verlag, Stuttgart 2005

Kürti, Karl: Mein Führerschein ist weg – was tun?, 2. Auflage, Düsseldorf 1990 (Kürti)

Marxen, Klaus u. Tiemann, Frank: Die Wiederaufnahme in Strafsache, Heidelberg 1993 (Marxen/Tiemann)

Pschyrembel, Willibald: Klinisches Wörterbuch, bearb. von der Wörterbuch-Red. d. Verl. unter der Leitung von Helmut Hildebrandt, 258., neu bearbeitete Auflage, Berlin 1998

Rieh, Theodor/Wagenpfeil, Thomas: Der Testknacker bei Führerscheinverlust, 1. Auflage, München 2003

Rosenberg, Lothar: Führerscheinentzug wegen Alkohol – Nutzung der Sperrfrist vor der Medizinisch-Psychologischen-Untersuchung (MPU), 4. Auflage, Lauda 2004 (Rosenberg)

Dr. Schubert, Wolfgang/Dr. Schneider, Walter/ Dr. Eisenmenger, Wolfgang/Dr. Stephan, Egon: Begutachtungs-Leitlinien zur Kraftfahrereignung – Kommentar, 2. Auflage, Bonn 2005

Zeitschrift Blutalkohol, Vol. 43 No. 3, Mai 2006, Jahrgang 2006, Lübeck 2006

Stichwortregister

V

W

Danksagung

Ich bedanke mich ganz herzlich bei allen, die bei der Entstehung dieses Buches mitgewirkt haben. So gebührt mein besonderer Dank den fleißigen und unerschütterlichen Mitarbeitern meines Sekretariats, Frau Madeleine Portack und Frau Karla Otto. Herzlichen Dank schulde ich auch meiner Frau, die mit viel Verständnis und juristischen Tipps die Genesis dieses Buches ermöglicht hat.

Ein ganz spezieller Dank gilt meinem Freund und Weggefährten Dieter Dreßen für zahlreiche Anregungen.

Torgau im September 2006